从 0 到 1
ES6 快速上手

莫振杰 著

人民邮电出版社
北京

图书在版编目（CIP）数据

从0到1：ES6快速上手 / 莫振杰著. -- 北京：人民邮电出版社，2022.3（2024.2重印）
ISBN 978-7-115-58232-4

Ⅰ. ①从… Ⅱ. ①莫… Ⅲ. ①JAVA语言—程序设计 Ⅳ. ①TP312.8

中国版本图书馆CIP数据核字(2021)第261751号

内 容 提 要

作者根据自己多年的前后端开发经验，站在零基础读者的角度，详尽介绍了 ES6 的核心技术和 ES7~ES12 等后续版本的新增技术，以及各种中高级开发技巧。

全书共 14 章，主要内容包括 ES6 概述、let 和 const、字符串的扩展、数组的扩展、对象的扩展、函数的扩展、解构赋值、新增运算符、新增类型、可迭代对象、类（class）、Proxy 和 Reflect、异步编程、模块化等。

为了方便高校老师教学，本书不但配备了所有案例的源码，还提供了配套的 PPT 课件。本书不仅适合零基础的初学者使用，也可以作为前端开发人员的参考书，还可以作为学校相关专业的教学参考书。

◆ 著　　莫振杰
　　责任编辑　罗　芬
　　责任印制　王　郁　彭志环

◆ 人民邮电出版社出版发行　北京市丰台区成寿寺路 11 号
　邮编 100164　电子邮件 315@ptpress.com.cn
　网址　https://www.ptpress.com.cn
　固安县铭成印刷有限公司印刷

◆ 开本：787×1092　1/16
　印张：15.25　　　　　　　2022 年 3 月第 1 版
　字数：396 千字　　　　　　2024 年 2 月河北第 6 次印刷

定价：69.90 元

读者服务热线：(010)81055410　印装质量热线：(010)81055316
反盗版热线：(010)81055315
广告经营许可证：京东市监广登字 20170147 号

如果你想要快速上手前端开发，又岂能错过"从 0 到 1"系列？

这是一本非常有个性的书，学起来非常轻松！当初看到这本书时，我们很惊喜，简直像是发现新大陆一样。

你随手翻几页，就能看出来作者真的是用心去写的。

作为忠实读者，很幸运能够参与本书的审稿及设计。事实上，对于这样一本难得的好书，相信你看了之后，也会非常乐意帮忙将它完善得更好。

——五叶草团队

前言

一本好书不仅可以让读者学得轻松,更重要的是可以让读者少走弯路。如果你需要的不是大而全,而是恰到好处的前端开发教程,那么不妨试着看一下这本书。

本书和"从 0 到 1"系列中的其他图书一样,大多源于我在绿叶学习网分享的非常受欢迎的在线教程。由于教程的风格独特、质量高,因而累计获得超过 100000 读者的支持。更可喜的是,我收到过几百封感谢邮件,大多来自初学者、已经工作的前端工程师,还有不少高校老师。

我从开始接触前端开发时,就在记录作为初学者所遇到的各种问题,因此,我非常了解初学者的心态和困惑,也非常清楚初学者应该怎样才能快速而无阻碍地学会前端开发。我用心总结了自己多年的学习和前端开发经验,完全站在初学者的角度来编写本书。我相信,本书会非常适合零基础的读者轻松地、循序渐进地展开学习。

之前,我问过很多小伙伴,看"从 0 到 1"这个系列的图书时是什么感觉。有人回答说:"初恋般的感觉。"本书不一定十全十美,但是肯定会让你有初恋般怦然心动的体验。

配套习题

除第 1 章外,本书每章后面都设置了习题,这是我和一些有经验的前端工程师精心挑选、设计的,有些来自实际的前端开发工作和面试题。希望小伙伴们能认真完成章后练习,及时演练、巩固所学知识点。习题答案放在本书的配套资源中,具体下载方式见下文。

配套网站

绿叶学习网(www.lvyestudy.com)是我开发的一个开源技术网站,该网站不仅可以为小伙伴们提供丰富的学习资源,还提供了一个高质量的学习交流平台,上面有非常多的技术"大牛"。小伙伴们有任何技术问题都可以在网站上讨论、交流,也可以加 QQ 群讨论、交流:473256870、949283995(只能进入一个 QQ 群)。

配套资源下载及使用说明

本书的配套资源包括习题答案、源码文件、PPT 教学课件。读者可以到作者的网站找到对应的书名后下载,下载地址为:http://www.lvyestady.com/books。

特别鸣谢

本书的编写得到了很多人的帮助。首先要感谢人民邮电出版社的赵轩编辑和罗芬编辑,有了他们的帮助,本书才得以顺利出版。

其次，感谢五叶草团队的一路陪伴，感谢韦雪芳、陈志东、秦佳，他们花费了大量时间对本书进行细致审阅，并给出了诸多非常棒的建议。

最后要特别感谢我的妹妹莫秋兰，她一直都在默默地支持和关心着我。有这样一个能够真正懂得自己的人，既是亲人也是朋友，这是我一生中非常幸运的事情。

由于水平有限，书中难免存在不足之处。小伙伴们如果遇到问题或有任何意见和建议，可以发送电子邮件至 lvyestudy@foxmail.com，与我交流。此外，也可以访问绿叶学习网（www.lvyestudy.com），了解更多前端开发的相关知识。

莫振杰

目录

第1章 ES6 概述 ································ 1
1.1 ES6 是什么 ································ 1
1.1.1 ES6 简介 ································ 1
1.1.2 本书的适用版本 ························ 2
1.2 学前准备 ································ 2
1.2.1 教程说明 ································ 2
1.2.2 环境说明 ································ 3
1.3 console.log() ································ 4

第2章 let 和 const ································ 7
2.1 深入了解 var ································ 7
2.2 let ································ 8
2.2.1 let 简介 ································ 8
2.2.2 let 的用途 ································ 11
2.3 const ································ 14
2.3.1 const 简介 ································ 14
2.3.2 深入了解 const ································ 14
2.4 暂时性死区 ································ 16
2.4.1 暂时性死区简介 ································ 16
2.4.2 深入了解暂时性死区 ································ 17
2.5 最佳实践 ································ 18
2.6 本章练习 ································ 19

第3章 字符串的扩展 ································ 20
3.1 字符串的扩展简介 ································ 20
3.2 检索字符串：includes()、startsWith()、endsWith() ································ 21
3.3 重复字符串：repeat() ································ 22
3.4 去除空白：trim()、trimStart()、trimEnd() ································ 23
3.5 长度补全：padStart()、padEnd() ································ 23
3.6 模板字符串 ································ 25

3.6.1 语法简介 ································ 25
3.6.2 深入了解 ································ 30
3.7 本章练习 ································ 32

第4章 数组的扩展 ································ 33
4.1 数组的扩展简介 ································ 33
4.2 判断数组：Array.isArray() ································ 34
4.3 创建数组：Array.of() ································ 35
4.4 转换数组：Array.from() ································ 37
4.4.1 类数组 ································ 37
4.4.2 Array.from() ································ 41
4.5 填充数组：fill() ································ 43
4.6 打平数组：flat() ································ 44
4.6.1 语法简介 ································ 44
4.6.2 深入了解 ································ 44
4.7 判断元素：includes() ································ 46
4.8 查找元素：find()、findIndex() ································ 48
4.8.1 find() ································ 48
4.8.2 findIndex() ································ 49
4.9 every() 和 some() ································ 49
4.10 keys()、values() 和 entries() ································ 51
4.11 字符串和数组的相同方法 ································ 53
4.12 本章练习 ································ 55

第5章 对象的扩展 ································ 56
5.1 对象的扩展简介 ································ 56
5.2 简写语法 ································ 56
5.2.1 属性简写 ································ 57
5.2.2 方法简写 ································ 58
5.3 判断相等：Object.is() ································ 59
5.4 合并对象：Object.assign() ································ 60
5.4.1 语法简介 ································ 60

| 5.4.2 | 深入了解 …………………… 61
| 5.4.3 | 应用场景 …………………… 63
| 5.5 | 冻结对象：Object.freeze() …………… 65
| 5.6 | 遍历对象：Object.keys()、Object.values()、Object.entries() …… 66
| 5.7 | 转换对象：Object.fromEntries() …… 67
| 5.8 | 获取原型：Object.getPrototypeOf() … 68
| 5.9 | 获取属性名：Object.getOwnPropertyNames() …… 69
| 5.10 | 定义属性：Object.defineProperty() …………… 71
| 5.10.1 | 语法简介 ………………… 71
| 5.10.2 | 配置对象 ………………… 72
| 5.10.3 | 数据属性和访问器属性 …… 77
| 5.10.4 | 对比了解 ………………… 78
| 5.11 | globalThis ……………………… 79
| 5.12 | 本章练习 ……………………… 79

第 6 章　函数的扩展 …………… 81
| 6.1 | 函数的扩展简介 ………………… 81
| 6.2 | 箭头函数 ………………………… 81
| 6.2.1 | 语法简介 ………………… 81
| 6.2.2 | 深入了解 ………………… 83
| 6.2.3 | 应用场景 ………………… 85
| 6.3 | 参数默认值 ……………………… 88
| 6.3.1 | 语法简介 ………………… 88
| 6.3.2 | 深入了解 ………………… 89
| 6.4 | name 属性 ……………………… 90
| 6.5 | 本章练习 ………………………… 91

第 7 章　解构赋值 ……………… 93
| 7.1 | 解构赋值简介 …………………… 93
| 7.2 | 对象的解构赋值 ………………… 94
| 7.2.1 | 语法简介 ………………… 94
| 7.2.2 | 深入了解 ………………… 95
| 7.2.3 | 应用场景 ………………… 99

| 7.3 | 数组的解构赋值 ………………… 100
| 7.3.1 | 语法简介 ………………… 100
| 7.3.2 | 深入了解 ………………… 101
| 7.3.3 | 应用场景 ………………… 102
| 7.3.4 | 总结 …………………… 103
| 7.4 | 字符串 …………………………… 103
| 7.5 | 本章练习 ………………………… 104

第 8 章　新增运算符 …………… 106
| 8.1 | 展开运算符 ……………………… 106
| 8.1.1 | 语法简介 ………………… 106
| 8.1.2 | 深入了解 ………………… 107
| 8.1.3 | 应用场景 ………………… 108
| 8.2 | 剩余运算符 ……………………… 110
| 8.2.1 | 解构赋值 ………………… 110
| 8.2.2 | 处理 arguments ………… 111
| 8.3 | 求幂运算符 ……………………… 112
| 8.4 | 本章练习 ………………………… 113

第 9 章　新增类型 ……………… 114
| 9.1 | 新增类型简介 …………………… 114
| 9.2 | Symbol …………………………… 114
| 9.2.1 | 语法简介 ………………… 114
| 9.2.2 | 深入了解 ………………… 116
| 9.2.3 | 应用场景 ………………… 119
| 9.3 | Set ……………………………… 121
| 9.3.1 | Set 简介 ………………… 121
| 9.3.2 | Set 的属性 ……………… 122
| 9.3.3 | Set 的方法 ……………… 123
| 9.3.4 | Set 的应用 ……………… 127
| 9.4 | Map ……………………………… 130
| 9.4.1 | Map 简介 ………………… 130
| 9.4.2 | Map 的属性 ……………… 131
| 9.4.3 | Map 的方法 ……………… 132
| 9.4.4 | Map 的应用 ……………… 136
| 9.5 | 本章练习 ………………………… 138

第 10 章 可迭代对象 ……………… 139
- 10.1 可迭代对象是什么 ……………… 139
  - 10.1.1 自定义的可迭代对象 ……………… 139
  - 10.1.2 内置的可迭代对象 ……………… 141
- 10.2 for...of ……………… 142
  - 10.2.1 for...of 简介 ……………… 142
  - 10.2.2 深入了解 for...of ……………… 144
- 10.3 本章练习 ……………… 146

第 11 章 类（class）……………… 147
- 11.1 类简介 ……………… 147
  - 11.1.1 类的定义 ……………… 147
  - 11.1.2 静态方法 ……………… 149
  - 11.1.3 ES7 写法 ……………… 150
- 11.2 类的继承 ……………… 150
- 11.3 本章练习 ……………… 153

第 12 章 Proxy 和 Reflect ……… 155
- 12.1 Proxy 对象 ……………… 155
  - 12.1.1 Proxy 简介 ……………… 155
  - 12.1.2 Proxy 方法 ……………… 156
  - 12.1.3 应用场景 ……………… 165
- 12.2 Reflect 对象 ……………… 170
  - 12.2.1 规范 Object 的部分操作 ……………… 171
  - 12.2.2 配合 Proxy 一起使用 ……………… 173
- 12.3 本章练习 ……………… 178

第 13 章 异步编程 ……………… 180
- 13.1 异步编程简介 ……………… 180
- 13.2 同步和异步 ……………… 180
  - 13.2.1 浏览器进程 ……………… 180
  - 13.2.2 单线程 ……………… 181
  - 13.2.3 同步代码和异步代码 ……………… 182
- 13.3 事件循环 ……………… 183
  - 13.3.1 事件循环简介 ……………… 183
  - 13.3.2 for 循环与 setTimeout() ……………… 185
- 13.4 Promise 对象 ……………… 188
  - 13.4.1 Promise 对象是什么 ……………… 188
  - 13.4.2 Promise 语法 ……………… 191
  - 13.4.3 Promise.resolve() 和 Promise.reject() ……………… 197
  - 13.4.4 Promise.all() 和 Promise.race() ……………… 199
  - 13.4.5 Promise.prototype.finally() … 201
- 13.5 async 和 await ……………… 202
  - 13.5.1 async ……………… 202
  - 13.5.2 await ……………… 203
- 13.6 本章练习 ……………… 206

第 14 章 模块化 ……………… 210
- 14.1 模块化简介 ……………… 210
- 14.2 模块化语法 ……………… 212
  - 14.2.1 导出语句 ……………… 212
  - 14.2.2 导入语句 ……………… 218
  - 14.2.3 深入了解 ……………… 219
  - 14.2.4 特别注意 ……………… 222
- 14.3 本章练习 ……………… 225

附录

- 附录 A 字符串的扩展 ……………… 227
- 附录 B 数组的扩展 ……………… 228
- 附录 C 对象的扩展 ……………… 229
- 附录 D Set 类型 ……………… 230
- 附录 E Map 类型 ……………… 231
- 附录 F Proxy 对象 ……………… 232
- 附录 G Reflect 对象 ……………… 233

后记 ……………… 234

第 1 章 ES6 概述

1.1 ES6 是什么

1.1.1 ES6 简介

JavaScript 这门语言是由 ECMAScript、DOM、BOM 这三大部分组成的（这句话非常重要）。大多数初学者使用的都是 ES5 的语法。本书介绍的 ES6（ECMAScript 2015，见图 1-1），指的是 ES5 的下一个版本。

图 1-1

由于 ES6 版本发布于 2015 年，所以人们也把它叫作"ES2015"或"ECMAScript 2015"。这几种叫法指的都是 ES6。这几种叫法小伙伴们还是要知道的，因为很多地方使用的都是这些叫法。

现在主流的前端框架如 Vue.js、React.js、Angular.js 这"三驾马车"（见图 1-2），以及用于服务端开发的 Node.js，一般使用 ES6 的语法来进行开发。可以这样说，**如果你打算从事前端开发的话，那么 ES6 是你必须掌握的一门基础技能。**

图 1-2

1.1.2 本书的适用版本

这本书虽然叫《从 0 到 1：ES6 快速上手》，但内容却不仅限于 ES6。本书根据实际情况增加了 ES7~ES12（也就是 ES2016~ES2021）方面的知识点。

可能小伙伴们会问："既然 ES12 都出来了，为什么很多地方还是叫它 ES6，而不是 ES12 呢？"其实原因是这样的：ES6 是一个里程碑式的版本，它相对于 ES5 的变化最大，增加的内容也最多，所以从 ES5 到 ES6 是一次大的版本更新。而 ES7~ES12 是小版本更新，每次只增加了一点点内容。因此很多时候，我们都是笼统地把 ES6~ES12 叫作 ES6。

在本书中，我们不再区分哪些是 ES6 新增的内容，哪些是 ES7 新增的内容，一律视为 ES6 新增的内容。实际上，区分这几个版本，没有任何实际的意义。

1.2 学前准备

1.2.1 教程说明

在学习 ES6 之前，小伙伴们一定要对 ES5 的语法非常熟悉才行，不然学起来会有一定的难度。我们至少要对 ES5 中对象的各种操作、类的定义与继承、异步编程等有一定的了解，因为很多 ES6 新语法是建立在 ES5 的基础上的。如果你发现 ES6 有些地方很难理解，那么很可能就是你的 ES5 基础不扎实，这个时候就应该复习一下 ES5 的语法了。

本书不是一本大而全的"字典"，而是只会介绍最常用的知识点，将最精华的内容分享给小伙伴们。对于在实际开发中用得比较少的知识点，本书都是一笔带过，尽量减少小伙伴们的记忆负担。一味追求大而全的书，只能称之为"字典"，并不适合真正的入门学习。因为，没有谁愿意抱着一本"字典"来学习，对吧？

对于初学 ES6 的小伙伴，这里有一个非常重要的建议：不要一上来就去学习 Vue.js、React.js 或 Angular.js。在学习这些框架之前，建议先花点时间学习 ES6。不然在学习框架的过程中，你会发现"寸步难行",因为现在这些框架都是采用 ES6 新语法来编写代码的。

1.2.2 环境说明

如果小伙伴们之前看过其他的 ES6 教程,可能会发现绝大多数教程一上来都是先配置 Babel(见图 1-3)环境,接着使用 Babel 来将 ES6 代码编译成 ES5 代码,最后再拿编译后的 ES5 代码在浏览器中运行。这样就容易给小伙伴们造成一种错觉,那就是 ES6 代码必须经过 Babel 编译成 ES5 代码,才能在浏览器上运行。

现在主流浏览器如 Chrome、Edge、Firefox 等的最新版本,都已经支持绝大部分的 ES6 语法了。也就是说,不需要使用 Babel 编译,就可以直接在浏览器中运行 ES6 代码。但是实际上使用 Babel 还是有必要的,主要是一些低版本浏览器并不一定支持 ES6 语法。不过在实际开发中,大多数情况下我们并不需要手动配置 Babel 环境,因为 Vue 或 React 等的脚手架工具会自动帮我们配置好。

图 1-3

对于接下来要学习的新语法,我们是可以像平常写 JavaScript 那样,直接在浏览器中运行的。在本书的例子中,我们采用的都是下面的代码结构。如果小伙伴们需要运行本书例子的代码,直接把 ES6 代码放在 script 标签内,然后在浏览器中运行这个 HTML 页面即可。

```html
<!DOCTYPE html>
<html>
<head>
    <meta charset="utf-8" />
    <title></title>
    <script>
        // 这里是你的ES6代码
    </script>
</head>
<body>
</body>
</html>
```

一定要记住,在这本书中,几乎所有代码都可以直接运行,不需要经过 Babel 编译。对于 Babel 的使用,小伙伴们暂时也不需要了解,等学了 webpack 再深入了解也不晚。

1.3 console.log()

很多初学者都喜欢用 document.write() 或 alert() 来调试代码。初学的时候没关系，不过随着学习的深入，这两种方法就不适合了。实际上，这两种方法是有很大弊端的，我们先来看一个简单的例子。

▌ 举例

```
<!DOCTYPE html>
<html>
<head>
    <meta charset="utf-8">
    <title></title>
    <script>
        document.write(window);
    </script>
</head>
<body>
</body>
</html>
```

浏览器效果如图 1-4 所示。

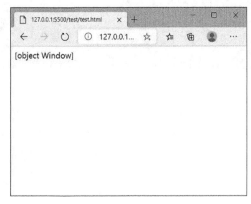

图 1-4

▌ 分析

如果将 document.write(window) 换成 alert(window)，此时弹出的对话框如图 1-5 所示。

图 1-5

从上文中可以知道，不管是 document.write() 还是 alert()，对于 window 这种复杂的对象，都只会输出一个简单的提示内容。接下来，我们再来看一下使用 console.log() 调试代码的效果是怎样的。

▼ 举例：console.log()

```
<!DOCTYPE html>
<html>
<head>
    <meta charset="utf-8">
    <title></title>
    <script>
        console.log(window);
    </script>
</head>
<body>
</body>
</html>
```

控制台输出如图 1-6 所示。

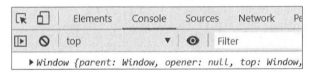

图 1-6

▼ 分析

console.log() 是在控制台输出内容，那么如何查看控制台输出的内容呢？我们可以使用【Ctrl+Shift+I】快捷键，或者在浏览器页面中单击鼠标右键，然后选择"检查(N)"选项，如图 1-7 所示。

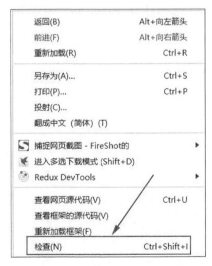

图 1-7 .

接下来单击"Console",就可以看到 console.log() 输出的内容了,如图 1-8 所示。

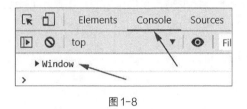

图 1-8

其中,单击 Window 左侧的小三角形▼,可以看到 Window 对象的详细信息,如图 1-9 所示。

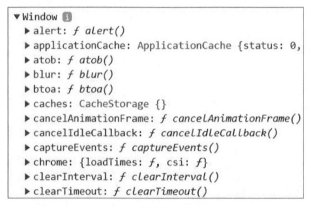

图 1-9

在实际开发中,如果想要输出内容来进行调试,一般使用 console.log(),而不是使用 document.write() 或 alert()。本书的所有例子都是使用 console.log() 进行调试的。

第 2 章 let 和 const

2.1 深入了解 var

在 ES6 出现之前,我们都是使用 var 这个关键字来声明一个变量的,但是其弊端非常多。因此,在学习 let 和 const 之前,必须先了解一下 var。var 有以下两个特点。

- 无块级作用域。
- 存在变量提升(Hoisting)。

1. 无块级作用域

在 ES5 中,作用域一般划分为全局作用域和局部作用域。其中,局部作用域也叫"函数作用域"。ES6 新增了块级作用域的概念,块级作用域就是通过 let 或 const 来体现的。

那么块级作用域究竟是怎样的呢?举个简单的例子,我们都知道条件语句、循环语句等是使用大括号"{}"来进行代码块处理的。如果存在块级作用域,那么"{}"内部定义的变量,在"{}"外部是没办法访问到的;如果不存在块级作用域,那么"{}"内部定义的变量,在"{}"外部是可以访问得到的。对于块级作用域,用最简单的一句话来说就是,如果一门语言存在块级作用域,那么一对大括号定义的就是一个块级作用域。

▼ 举例:ES5 中的 var

```
if(true){
    var site = "绿叶学习网";
}
console.log(site);
```

控制台输出结果如下所示。

绿叶学习网

▌ **分析**

从这个例子可以看出，ES5 是不存在块级作用域的（这里不考虑 try...catch），在条件语句大括号中使用 var 声明的变量，我们在大括号外面也访问得到。

2. 存在变量提升

在 ES5 中使用 var 来声明变量，会出现一个奇怪的现象：变量提升。那么变量提升是什么呢？我们先来看一个例子。

▌ **举例：var 声明的变量**

```
console.log(a);
var a = 2020;
```

控制台输出结果如下所示。

```
undefined
```

▌ **分析**

所谓的变量提升，指的是如果你使用 var 来声明一个变量，那么 JavaScript 从上到下执行代码的时候，会做一定的预处理，其工作原理如下所示。

当进入一个 JavaScript 环境时，JavaScript 引擎并不是立刻直接从上到下执行代码的，而是先扫描所有代码，将 var 声明的变量集合在一起，组成一个词法环境（Lexical Environment，LE）。

所以对于这个例子来说，如果 JavaScript 立刻从上到下执行代码，那么 console.log(a); 这一句代码就会报错，因为运行到这里时，JavaScript 并不知道 a 是什么。但是实际情况是 JavaScript 先扫描整个代码，然后把 var a; 提升到顶部，即先声明 a，此时 a 的值就是 undefined。

也就是说，上面的例子等价于以下代码。

```
var a;
console.log(a);
a = 2020;
```

变量提升是 ES5 的内容，它本身比较复杂。本书讲的是 ES6，所以这里只是简单介绍了一下。ES5 基础薄弱的小伙伴，一定要去搜索、了解一下，因为这个概念可以说是前端岗位面试中必考的知识点之一。

2.2　let

从上一节可以知道，使用 var 声明变量的方式弊端很多，因此 ES6 增加了两种新的声明方式：let 和 const。在这一节中，我们先来介绍一下 let。

2.2.1　let 简介

在 ES6 中，我们可以使用 let 来声明一个变量。虽然 let 和 var 都可以用来定义变量，但是 let

有以下 4 个非常重要的特点。
- 只在代码块之内有效。
- 同一代码块中，不允许重复声明。
- 不存在变量提升。
- 不会成为 window 的属性。

1. 只在代码块之内有效

使用 let 声明的变量，只在代码块之内有效，即只在块级作用域之内有效。

▌ 举例

```
if (true) {
    let title = "海贼王";
}
console.log(title);
```

控制台输出结果如下所示。

（报错）Uncaught ReferenceError: title is not defined

▌ 分析

使用 let 声明的变量只在其所在**代码块之内**有效，在**代码块之外**访问会报错。

▌ 举例

```
let title = "火影忍者";
if (true) {
    let title = "海贼王";
    console.log(title);
}
console.log(title);
```

控制台输出结果如下所示。

海贼王
火影忍者

▌ 分析

在这个例子中，如果两个变量都使用 var 来声明，则最终两个 console.log() 都会输出"海贼王"。从这个例子中也可以看出，使用 let 来代替 var，可以避免这种**内层变量覆盖外层变量**的不合理情况。

2. 同一代码块中，不允许重复声明

使用 let 声明的变量，在其所在的代码块中是不允许重复声明的。

▌ 举例

```
if (true) {
    let title = "火影忍者";
```

```
        let title = "海贼王";
        console.log(title);
}
```

控制台输出结果如下所示。

（报错）Uncaught SyntaxError: Identifier 'title' has already been declared

▌ 分析

虽然在同一代码块中，变量不允许被 let 重复声明，但是这个变量却可以被重新赋值。小伙伴们要注意，声明与赋值是两码事。请看下面的代码。

```
if (true) {
    let title = "火影忍者";
    title = "海贼王";
    console.log(title);          // 将输出"海贼王"
}
```

3. 不存在变量提升

用 let 声明变量不像用 var 声明变量那样会出现**变量提升**的现象。因此，用 let 声明的变量只能在声明后使用，如果在声明之前使用，就会报错。

▌ 举例：变量

```
console.log(title);
let title = "火影忍者";
```

控制台输出结果如下所示。

（报错）Uncaught ReferenceError: Cannot access 'title' before initialization

▌ 举例：函数

```
console.log(fn);
let fn = function(){
    console.log("火影忍者");
};
```

控制台输出结果如下所示。

（报错）Uncaught ReferenceError: Cannot access 'fn' before initialization

4. 不会成为 window 的属性

在 ES6 之前，在全局作用域中，使用 var 声明的变量会成为 window 对象的属性。但是在 ES6 的全局作用域中，使用 let 声明的变量不会成为 window 对象的属性。

▌ 举例：ES5 中的 var

```
var a = 2077;
var fn = function() {
    console.log(2077);
```

```
};
console.log(window.a);
window.fn();
```

控制台输出结果如下所示。

```
2077
2077
```

▌举例：ES6 中的 let

```
let a = 2077;
let fn = function () {
    console.log(2077);
};
console.log(window.a);
window.fn();
```

控制台输出结果如下所示。

```
undefined
（报错）Uncaught TypeError: window.fn is not a function
```

2.2.2 let 的用途

使用 var 来定义变量可能引发的一个不合理情况，就是用来计数的循环变量泄露为全局变量。我们先来看一个例子。

▌举例

```
<!DOCTYPE html>
<html>
<head>
    <meta charset="utf-8"/>
    <title></title>
    <script>
        window.onload = function () {
            var oBtn = document.getElementsByTagName("input");
            for (var i = 0; i < oBtn.length; i++) {
                oBtn[i].onclick = function () {
                    console.log(i +1);
                };
            }
        };
    </script>
</head>
<body>
    <input type="button" value="按钮1" />
    <input type="button" value="按钮2" />
    <input type="button" value="按钮3" />
    <input type="button" value="按钮4" />
```

```
        <input type="button" value="按钮5" />
</body>
</html>
```

默认情况下，浏览器效果如图 2-1 所示。依次单击每一个按钮，控制台输出效果如图 2-2 所示。

图 2-1

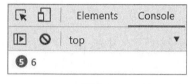

图 2-2

▌ 分析

我们想要的效果是单击第 n 个按钮，就输出 n。但是在这个例子中，不管单击哪一个按钮，都只会输出 6。在 ES6 之前，想要达到预期效果，我们会使用闭包的方式，代码如下。

▌ 举例：使用闭包

```
<!DOCTYPE html>
<html>
<head>
    <meta charset="utf-8"/>
    <title></title>
    <script>
        window.onload = function () {
            var oBtn = document.getElementsByTagName("input");
            for (var i = 0; i < oBtn.length; i++) {
                (function (i) {
                    oBtn[i].onclick = function () {
                        console.log(i+1);
                    };
                })(i);
            }
        };
    </script>
</head>
<body>
    <input type="button" value="按钮1" />
    <input type="button" value="按钮2" />
    <input type="button" value="按钮3" />
    <input type="button" value="按钮4" />
    <input type="button" value="按钮5" />
</body>
</html>
```

默认情况下，浏览器效果如图 2-3 所示。依次单击每一个按钮，控制台输出效果如图 2-4 所示。

图 2-3　　　　　　　　　　　　　　图 2-4

▍分析

闭包这种方式比较生涩难懂，也不直观。在 ES6 中，我们可以使用 let 巧妙地解决这个问题。

▍举例：使用 let

```
<!DOCTYPE html>
<html>
<head>
    <meta charset="utf-8"/>
    <title></title>
    <script>
        window.onload = function () {
            var oBtn = document.getElementsByTagName("input");
            for (let i = 0; i < oBtn.length; i++) {
                oBtn[i].onclick = function () {
                    console.log(i +1);
                };
            }
        };
    </script>
</head>
<body>
    <input type="button" value="按钮1" />
    <input type="button" value="按钮2" />
    <input type="button" value="按钮3" />
    <input type="button" value="按钮4" />
    <input type="button" value="按钮5" />
</body>
</html>
```

默认情况下，浏览器效果如图 2-5 所示。依次单击每一个按钮，控制台输出效果如图 2-6 所示。

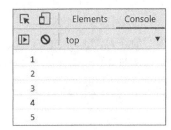

图 2-5　　　　　　　　　　　　　　图 2-6

> **▼ 分析**

由于 let 声明的变量拥有块级作用域，用来计数的 for 循环变量（也就是 i）不会泄露为全局变量，从而能避免被覆盖。这是一个非常常见而重要的场景，小伙伴们要重点掌握。

2.3 const

2.3.1 const 简介

在 ES6 中，我们可以使用 const 关键字来声明一个常量。常量一旦声明，其值就不能被修改了。

const 和 let 非常相似，两者有着 4 个共同的特点：①只在代码块之内有效；②同一代码块中，不允许重复声明；③不存在变量提升；④不会成为 window 的属性。

const 和 let 唯一的不同点：const 用于定义一个常量，而常量是不允许重新赋值的。

> **▼ 举例**

```
const PI = 3.1415926;
PI = 3.14;
console.log(PI);
```

控制台输出结果如下所示。

（报错）Uncaught TypeError: Assignment to constant variable.

> **▼ 分析**

赋值与声明是两个不同的概念，小伙伴们要区分清楚。let 所具有的特点，const 都具有，我们可以把 const 看成增强版的 let。两者的区别是：let 可以重新赋值，但是 const 不可以。从语义上来说，如果想要定义常量，我们应该使用 const，而不是使用 let。

很多初学的小伙伴会有一个疑惑：为什么 ES6 要重新引入 let 和 const 这两个关键字来代替 var 呢？其实，引入 let 和 const 正是为了解决 ES5 中使用 var 定义变量的不合理之处（这句话非常重要）。

2.3.2 深入了解 const

我们所说的使用 const 声明的变量不能被修改，严格意义上说是保存变量值的内存地址不能被修改。用 const 声明的变量的值有以下两种情况。

- 如果该值属于"基本类型"，那么声明后是不允许修改该值的。
- 如果该值属于"引用类型"，虽然我们不能修改该值，但是可以修改它属性的值。

> **▼ 举例：用 const 声明对象**

```
const person = {
    name: "Jack",
```

```
    age: 24
};
person.name = "Lucy";
console.log(person);
```

控制台输出结果如下所示。

```
{ name: "Lucy", age: 24 }
```

▼ 分析

从输出结果可以看到，person 对象的属性值确实被修改了。怎么理解这个现象呢？这是因为 person 对象是引用类型的对象，person 保存的仅仅是对象的指针。这就意味着，const 仅仅保证指针不发生改变，修改对象的属性值不会改变对象的指针，所以是被允许的。

接下来我们尝试修改一下指针，让 person 指向一个新对象，看看结果又是怎样的。

▼ 举例

```
const person = {
    name: "Jack",
    age: 24
};
person = {
    name: "Lucy",
    age: 24
};
console.log(person);
```

控制台输出结果如下所示。

```
（报错）Uncaught TypeError: Assignment to constant variable.
```

▼ 分析

使用 const 声明一个对象，那么修改**对象属性的值**是被允许的，但是修改**对象的值**是不被允许的。const 的这个特点非常重要，小伙伴们一定要理解清楚。

▼ 举例：用 const 声明数组

```
const arr = ["red", "green", "blue"];
arr[0] = "orange";
console.log(arr);
```

控制台输出结果如下所示。

```
["orange", "green", "blue"]
```

▼ 分析

数组本质上也是一个对象，它的属性其实就是"0、1、2……"。arr[0]="orange"; 表示修改 0 属性，所以也是被允许的。

可能有些小伙伴会问："不是说 const 用于定义一个常量，而常量是不允许重新赋值的吗？为什么我们还可以修改这个常量的值呢？"其实这并不矛盾，我们此时修改的是这个常量属性的值，并不是给这个常量重新赋值，两者的意思是不一样的。

最后要说明一点，既然学了 let 和 const，那么以后在写 JavaScript 代码的时候，我们就不要再使用 var 了，而是应该使用 let 和 const。

2.4 暂时性死区

2.4.1 暂时性死区简介

我们都知道，ES6 增加了使用 let 和 const 声明的块级作用域。块级作用域虽然使很多操作更加方便了，但是同时也带来了新的概念，那就是"暂时性死区"（也叫"临时性死区"）。

说到暂时性死区，还得从"变量提升"这个概念说起，我们先来看一个例子。

▼ **举例：使用 var 声明变量**

```
function fn(){
    console.log(n);
    var n = 2077;
}
fn();
```

控制台输出结果如下所示。

```
undefined
```

▼ **分析**

之所以输出 undefined，是因为变量 n 在函数内进行了提升。这个例子其实等价于下面的代码。

```
function fn(){
    var n;
    console.log(n);
    n = 2077;
}
fn();
```

这里，我们是使用 var 来声明变量的。那么假如使用 let 或 const 来声明变量，结果又会是怎样的呢？

▼ **举例：使用 let 声明变量**

```
function fn(){
    console.log(n);
    let n = 2077;
}
fn();
```

控制台输出结果如下所示。

（报错）Uncaught ReferenceError: Cannot access 'n' before initialization

▌ 分析

这里之所以会报错，是因为使用 let 或 const 声明变量时，会形成一个包含这个变量的封闭的块级作用域。在这个块级作用域中，如果在声明变量前访问该变量，程序就会报错。也就是说，只有在声明变量后，我们才能够访问到它的值。

在"{}"括起来的块级作用域中，存在着这样的一个"死区"，它开始于函数的开头，终止于变量声明所在的那一行，如图 2-7 所示。在这个区域内，我们是无法访问 let 或 const 声明的变量的。这个"死区"被称为"暂时性死区"。

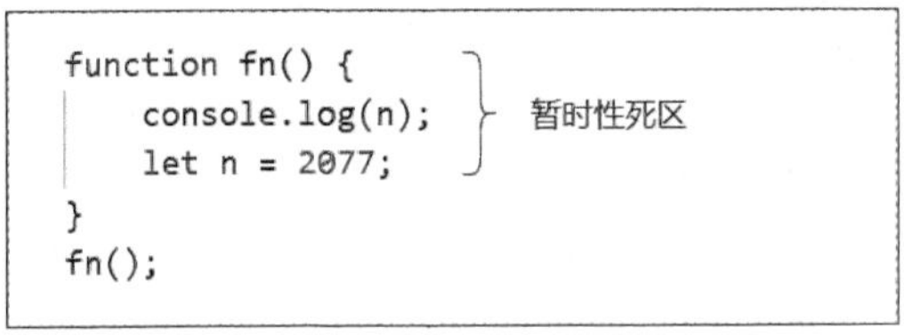

```
function fn() {
    console.log(n);      ⎫
    let n = 2077;        ⎬ 暂时性死区
}
fn();
```

图 2-7

2.4.2 深入了解暂时性死区

我们要特别注意一点：ES5 是没有暂时性死区这种说法的，暂时性死区是随着 ES6 中 let 和 const 的引入而引入的。

▌ 举例

```
{
    console.log(a);
    let a = 2077;
}
```

控制台输出结果如下所示。

（报错）Uncaught ReferenceError: Cannot access 'a' before initialization

▌ 分析

正常情况下，运行上面这段代码是会报错的。但是很多初学者运行的是使用 Babel 编译后的代码，发现浏览器并没有报错，而是输出了一个 undefined。这是为什么呢？不是说这里存在暂时性死区吗？

原因是，Babel 会将 ES6 的 let 和 const 转换为 ES5 的 var，此时上面的代码就会转化成下面这样。

```
"use strict";
{
```

```
    console.log(a);
    var a = 2077;
}
```

我们都知道，ES5 的 var 不会造成暂时性死区，而是会发生变量提升，所以才会输出 undefined。这里顺便说一下，要将 ES6 的代码转换为 ES5 的代码，我们可以借助 Babel 官方的在线工具。

▌ 举例

```
let a = 2077;
{
    console.log(a);
}
```

控制台输出结果如下所示。

```
2077
```

▌ 分析

这个例子中的代码是不存在暂时性死区的，console 会沿着作用域链往上寻找。对于暂时性死区，我们应该牢记：ES6 之前是没有暂时性死区这种说法的，暂时性死区是随着 ES6 中 let 和 const 的引入而引入的。

2.5 最佳实践

在真实的项目开发中，有一个非常重要的代码规范：**能使用 const 的，就不要使用 let**。也就是说，如果一个变量的值不会改变，我们就应该把它看成一个常量，使用 const 来声明，而不是使用 let 来声明。

看到这里，小伙伴们估计都蒙了：不是说 let 声明的是变量，const 声明的是常量吗？如果这样做，语义岂不是乱套了？其实并不是这样的，优先使用 const 而不是 let，主要有以下 2 个原因。

1. const 的代码可读性更好

因为 const 用于声明常量，常量是不允许修改的，所以别人一看到 const，就知道这个变量的值是不会被改变的。但是如果使用 let 来声明，那么变量的值之后可以改变，也可以不改变，我们并不能一下子判断出来。

2. const 可以避免无意间修改变量值导致的错误

如果一个变量的值是不允许被修改的，但我们却使用了 let 来声明它，那么之后一旦不小心把它改了，就可能会导致程序出现 bug，这样的 bug 的原因有时是很难被发现的。但是使用 const 来进行声明就完全可以避免这个问题。

读到这里，小伙伴们会问：“我一开始怎么知道哪些变量的值会变，哪些又不会变呢？”在实际开发中，如果一开始我们无法判断一个变量的值是否会改变，那么我们应该先使用 const 来声明。如果之后这个变量的值需要改变，我们再将 const 改为 let 即可。

这样一来，如果我们看到某个变量是使用 const 声明的，就知道这个变量的值之后一定不会被改变；如果我们看到某个变量是使用 let 声明的，就知道这个变量的值之后一定会被改变。

现在几乎所有的项目都会遵循这个"最佳实践"的规范，特别是 Vue 和 React 的项目。在实际开发中，这些项目本身会配置一个名为 ESlint 的工具。ESlint 会自动帮我们检测，如果某变量值没有改变，我们却使用了 let 来声明，它就会提示我们使用 const 来代替。当然，这一功能只有等我们学了 Vue 或 React 才能体验了。

最佳实践原本应该放在本书的最后讲解，但为了让小伙伴能更好地掌握真实项目的开发规范，在本章先进行了讲解。在后面章节所有例子的代码中，我们都会遵循最佳实践的规范。

2.6 本章练习

一、单选题

1. 下面有关 var、let 和 const 的说法中，不正确的是（　　）。
   A. let 或 const 声明的变量都不存在变量提升
   B. var 声明的变量没有块级作用域
   C. var 声明的变量也存在暂时性死区
   D. const 声明的常量不允许被重新赋值
2. 下面有关 let 和 const 的说法中，正确的是（　　）。
   A. 在实际开发中，优先使用 let，而不是 const
   B. let 声明的变量，不会成为 window 的属性
   C. 如果 const 声明的变量是一个对象，那么对象属性的值是不允许被修改的
   D. 如果 const 声明的变量是一个对象，此时允许将另一个对象赋值给这个变量
3. 下面有一段代码，其运行结果是（　　）。

```
function getValue() {
    const val = 5;
    return val;
}
let myVal = getValue();
myVal += 1;
console.log(myVal);
```

　　A. 5　　　　　　　　B. 6　　　　　　　　C. 7　　　　　　　　D. 报错

二、问答题

什么是变量提升？什么是暂时性死区？ES5 中是否存在暂时性死区的说法？（前端面试题）

（注：本书所有练习题的答案请见本书的配套资源，配套资源的具体下载方式见前言。）

第 3 章 字符串的扩展

3.1 字符串的扩展简介

ES6 对内置对象（String、Array、Object 等）进行了很大的改进，并且为这些内置对象增加了非常多有用的方法，大大提高了我们的开发效率。

这一章先来介绍一下字符串（string）的扩展，后面的章节再详细介绍其他内置对象的扩展。ES6 为字符串新增了很多方法，其中常用的方法如表 3-1 所示。

表 3-1　字符串的新增方法

方法	说明
includes()	是否包含某个字符串
startsWith()	是否以某个字符串"开头"
endsWith()	是否以某个字符串"结尾"
repeat()	对某个字符串进行重复
trim()	去除首尾空格
trimStart()	去除"开头"的空格
trimEnd()	去除"结尾"的空格
padStart()	在"开头"进行填充
padEnd()	在"结尾"进行填充

除了上面这些新增的方法，ES6 还扩展了一种新的语法：模板字符串。接下来我们会一一给小伙伴们详细介绍这些知识点。

最后需要说明的是，虽然 ES6 为这些内置对象新增了很多方法，但是我们并不会像其他书那样把所有的方法都介绍一遍。本书只会给小伙伴们介绍最常用的知识点，对于那些几乎用不上的知识点，本书会一笔带过，这样也是为了大大提高小伙伴们的学习效率。

3.2 检索字符串：includes()、startsWith()、endsWith()

在 ES5 中，如果想要判断一个字符串是否包含另一个字符串，我们一般会使用 indexOf() 方法。ES6 则为我们新增了 3 种更加简单的方法，如表 3-2 所示。

表 3-2　ES6 新增的检索字符串的方法

方法	说明
A.includes(B)	判断 A 是否包含 B
A.startsWith(B)	判断 A 是否以 B "开头"
A.endsWith(B)	判断 A 是否以 B "结尾"

上面这 3 种方法最后都会返回一个布尔值，也就是 true 或 false。

▼ 语法

```
A.includes(B, index)
A.startsWith(B, index)
A.endsWith(B, index)
```

▼ 说明

includes()、startsWith() 和 endsWith() 这 3 个方法的参数都是一样的：第 1 个参数表示 "被包含的字符串"，第 2 个参数表示 "检索的位置"。其中第 2 个参数可以省略，如果省略，则表示检索整个字符串。

需要注意的是，这几个方法中第 2 个参数的含义略有不同：includes() 和 startsWith() 中的第 2 个参数表示 "从第 index 个字符开始检索"，而 endsWith() 中的第 2 个参数表示 "对前 index 个字符进行检索"。

另外，includes() 中的 include、startsWith() 中的 start、endsWith() 中的 end 后面是有一个 "s" 的，小伙伴们不要写漏了。

▼ 举例：includes()

```
const str = "Hello Lvye";
console.log(str.includes("lvye"));
console.log(str.includes("Lvye"));
console.log(str.includes("Hello", 0));
console.log(str.includes("Hello", 2));
```

控制台输出结果如下所示。

```
false
true
true
false
```

▼ 举例：startsWith()

```
const str = "Hello Lvye";
```

```
console.log(str.startsWith("hello"));
console.log(str.startsWith("Hello"));
```

控制台输出结果如下所示。

```
false
true
```

▍举例：endsWith()

```
const str = "Hello Lvye";
console.log(str.endsWith("lvye"));
console.log(str.endsWith("Lvye"));
```

控制台输出结果如下所示。

```
false
true
```

3.3 重复字符串：repeat()

在 ES6 中，我们可以使用 repeat() 方法将某一个字符串重复多次。

▍语法

```
str.repeat(n);
```

▍说明

参数 n 一般取正整数。虽然 n 也可以取 0、小数等，但是我们并不建议那样做，因为这样一点意义都没有。

此外，repeat() 方法会返回重复后的字符串。

▍举例

```
const str = "lvye";
str.repeat(3);
console.log(str);
```

控制台输出结果如下所示。

```
lvye
```

▍分析

怎么回事？不是应该输出"lvyelvyelvye"吗？怎么只输出了"lvye"呢？这是因为 repeat() 并不会改变原来的字符串，因此我们需要用一个变量接收重复后的结果，实现代码如下。

```
const str = "lvye";
const result = str.repeat(3);
console.log(result);            // "lvyelvyelvye"
```

3.4 去除空白：trim()、trimStart()、trimEnd()

在 ES6 中，我们可以使用 trim()、trimStart() 和 trimEnd() 这 3 种方法来去除字符串首尾的空格。

▼ 语法

```
str.trim()
str.trimStart()
str.trimEnd()
```

▼ 说明

trim() 用于同时去除字符串**首尾**的空格，trimStart() 用于去除字符串**开始处**的空格，trimEnd() 用于去除字符串**结尾处**的空格。

此外，这 3 种方法最后都会返回去除空格后的字符串。

▼ 举例

```
const str = "  绿叶学习网    ";

const result1 = str.trim();
console.log(result1.length);

const result2 = str.trimStart();
console.log(result2.length);

const result3 = str.trimEnd();
console.log(result3.length);
```

控制台输出结果如下所示。

```
5
9
7
```

▼ 分析

在这个例子中，str 的开始处有 2 个空格，结尾处有 4 个空格，小伙伴们可以自行算一下用不同方法去除空格后的字符串长度，检验输出结果。

去除字符串的首尾空格，在实际开发中是非常有用的。在前后端交互时，后端传过来的数据经常有空格，而我们前端需要把这些空格去除，这样得到的才是想要的数据。还有一种情况是在做验证码校验时，我们通常需要去掉用户输入字符的首尾空格，再传递给后端。

3.5 长度补全：padStart()、padEnd()

在 ES6 中，我们可以使用 padStart() 和 padEnd() 这两个方法来实现字符串的长度补全。如果某个字符串的长度未达到指定长度，padStart() 会在头部进行补全，而 padEnd() 会在尾部进行补全。

▎语法

```
str.padStart(len, str)
str.padEnd(len, str)
```

▎说明

padStart() 和 padEnd() 都有两个参数。len 是必选参数,用于指定字符串的长度。str 是可选参数,表示用来补全的字符串。当 str 省略时,表示使用空格来补全。

此外,这两种方法最后都会返回补全后的字符串。

▎举例:参数 str 不省略

```
const str = "HTML";
const result1 = str.padStart(8, "0");
console.log(result1);
const result2 = str.padEnd(8, "0");
console.log(result2);
```

控制台输出结果如下所示。

```
0000HTML
HTML0000
```

▎举例:参数 str 省略

```
const str = "HTML";
const result = str.padStart(8);
console.log(result);
console.log(result.length);
```

控制台输出结果如下所示。

```
"    HTML"
8
```

▎分析

可能小伙伴会问:"感觉 padStart() 和 padEnd() 没有什么用,对字符串进行长度补全有什么意义呢?"实际上 ES6 并不会无缘无故新增一些没有用的方法,来增加用户记忆负担。如果新增了方法,那么新增的方法肯定有它的作用。

一个可能的应用场景是,在实际开发中,我们在处理日期和时间时,会遇到这样一种需求:月份或日数不满 2 位数的,需要在前面补一个 0。例如,"2020-5-1"应该补全为"2020-05-01",而"2020-10-1"应该补全为"2020-10-01",以此类推。

▎举例:传统方式

```
const d = new Date();

// 获取年、月、日
const year = d.getFullYear();
let month = d.getMonth() + 1;
let day = d.getDate();
```

```
// 处理月数
if (month.toString().length < 2) {
    month = "0" + month;
}
// 处理日数
if (day.toString().length < 2) {
    day = "0" + day;
}

const time = year + "-" + month + "-" + day;
console.log(time);
```

控制台输出结果如下所示。

2020-10-01

▍分析

从上面的代码中可以看出，使用传统方式来实现日期的补全是比较麻烦的。但是使用 padStart() 和 padEnd() 来实现，就再简单不过了，请看下面的例子。

▍举例：使用 padStart() 和 padEnd()

```
const d = new Date();

// 获取年、月、日
const year = d.getFullYear();
const month = (d.getMonth() + 1).toString().padStart(2, "0");
const day = d.getDate().toString().padStart(2, "0");

const time = year + "-" + month + "-" + day;
console.log(time);
```

控制台输出结果如下所示。

2020-10-01

▍分析

这种日期处理方式除了应用在日历组件上，还广泛应用在电商网站的倒计时效果中，这里就不做展开了。

3.6 模板字符串

3.6.1 语法简介

我们都知道，字符串可以使用单引号或双引号来表示。不过，模板字符串要用反引号（`）来表示。我们可以在键盘的左上角找到反引号（`）。

模板字符串没有小伙伴们想象得那么复杂，它本质上也是字符串。你可以把它看成一种**增强版的字符串**，因为它比普通字符串功能更加强大。在实际开发中，模板字符串主要有以下两大作用。

- 多行字符串。
- 字符串拼接。

1. 多行字符串

在 ES6 之前，如果想要定义一个多行字符串，我们往往会采用这样的方式：在字符串每一行的最后加上一个"反斜杠"（\）。

▶ **举例：传统方式**

```html
<!DOCTYPE html>
<html>
<head>
    <meta charset="utf-8"/>
    <title></title>
    <script>
        window.onload = function() {
            var strHtml = "<ul>\
                <li>HTML</li>\
                <li>CSS</li>\
                <li>JavaScript</li>\
            </ul>";
            document.body.innerHTML = strHtml;
        }
    </script>
</head>
<body>
</body>
</html>
```

浏览器效果如图 3-1 所示。

- HTML
- CSS
- JavaScript

图 3-1

▶ **分析**

在这个例子中，strHtml 是一个多行字符串，如果我们没有在每一行的最后加上"\"，那么程序就会报错。

每一行都加"\"比较烦琐，那么有没有更加简单的方式呢？在 ES6 中，我们可以使用新增的模板字符串来实现。

▶ 举例：模板字符串

```html
<!DOCTYPE html>
<html>
<head>
    <meta charset="utf-8"/>
    <title></title>
    <script>
        window.onload = function() {
            const strHtml = `<ul>
                <li>HTML</li>
                <li>CSS</li>
                <li>JavaScript</li>
            </ul>`;
            document.body.innerHTML = strHtml;
        }
    </script>
</head>
<body>
</body>
</html>
```

浏览器效果如图 3-2 所示。

- HTML
- CSS
- JavaScript

图 3-2

▶ 分析

模板字符串的使用非常简单，我们只需要用**反引号**来替代原来的**单引号或双引号**即可。

2. 字符串拼接

在 ES6 中，模板字符串有一个极其强大的功能，那就是在字符串中嵌入变量（也叫作"插值"），从而更简单、直观地实现**字符串拼接**。

对于字符串拼接，传统方式是使用"+"来实现，我们先来看一个例子。

▶ 举例：传统方式

```
const user = "Jack";
const website = "绿叶学习网";
const result = "欢迎" + user + "来到" + website;
console.log(result);
```

控制台输出结果如下所示。

欢迎Jack来到绿叶学习网

▌分析

使用"+"来拼接字符串的方式比较烦琐,也并不直观。在实际开发中,我们更推荐使用 ES6 的模板字符串来实现字符串拼接,这也是一个最佳实践。

▌举例:模板字符串

```
const user = "Jack";
const website = "绿叶学习网";
const result = `欢迎${user}来到${website}`;
console.log(result);
```

控制台输出结果如下所示。

```
欢迎Jack来到绿叶学习网
```

▌分析

首先我们应该清楚一点,凡是使用反引号引起来的字符串,都叫模板字符串。是的,模板字符串的语法就是这么简单。

然后,如果想往模板字符串中插入一个变量,从而实现字符串拼接功能,我们可以使用"${}"来把这个变量包裹起来。需要注意的是,"${}"必须配合模板字符串使用,它不能用于普通字符串(也就是用单引号或双引号引起来的字符串)。对于这一点,小伙伴们可以自行测试一下。

可能小伙伴们会问:"为什么它叫'模板字符串'呢?'模板'二字该怎么理解呢?"其实原因很简单,就拿上面这个例子来说,"欢迎 ${user} 来到 ${website}"就像模板一样,每当 user、website 这些变量的值改变时,它最终输出的值也会跟着改变,但是它的形式是不变的,都是如下所示的这种形式。

```
欢迎×××来到×××
```

接下来我们再来看几个例子,以便加深对模板字符串的理解。

▌举例:应用(1)

```
<!DOCTYPE html>
<html>
<head>
    <meta charset="utf-8"/>
    <title></title>
    <script>
        const arr = ["HTML", "CSS", "JavaScript"];

        window.onload = function () {
            const strHtml = `<ul>
                <li>${arr[0]}</li>
                <li>${arr[1]}</li>
                <li>${arr[2]}</li>
            </ul>`;
            document.body.innerHTML = strHtml;
        }
    </script>
</head>
```

```
<body>
</body>
</html>
```

浏览器效果如图 3-3 所示。

- HTML
- CSS
- JavaScript

图 3-3

▌ 分析

在这个例子中，如果我们把 const arr=["HTML", "CSS", "JavaScript"]; 换成下面的代码，浏览器效果将如图 3-4 所示。

```
const arr = ["red", "green", "blue"];
```

- red
- green
- blue

图 3-4

▌ 举例：应用（2）

```
const d = new Date();

// 获取年、月、日
const year = d.getFullYear();
let month = (d.getMonth() + 1).toString().padStart(2, "0");
let day = d.getDate().toString().padStart(2, "0");

const time = `${year}-${month}-${day}`;
console.log(time);
```

控制台输出结果如下所示。

2020-10-01

▌ 分析

上面这个例子实现的功能其实和 3.5 节中的最后那个例子相同，只不过这里我们使用模板字符串对代码进行了改造。小伙伴们可以对比一下这两种方式的不同。

```
// 传统方式
const time = year + "-" + month + "-" + day;
```

```
// 模板字符串
const time = `${year}-${month}-${day}`;
```

学到这里，有些小伙伴可能会这样想："平常定义普通字符串的时候，我们能不能使用反引号来定义呢？"那肯定没问题，下面 3 种方式其实是等价的，都可以用于定义一个字符串。

```
// 单引号
const str = '绿叶学习网';
// 双引号
const str = "绿叶学习网";
// 反引号
const str = `绿叶学习网`;
```

只不过在实际开发中，如果仅仅是定义一个普通字符串，我们更加倾向于使用单引号或双引号。如果需要进行字符串拼接或者定义多行字符串，我们再使用模板字符串。

3.6.2 深入了解

接下来我们深入了解一下模板字符串，并扩展更多开发技巧。这里主要讲解以下两个方面的技巧。

- 字符串原生输出。
- ${} 插入表达式。

1. 字符串原生输出

使用"+"来实现字符串拼接，拼接出来的字符串会丢失格式（包括缩进、换行等）。使用模板字符串则可以保留这些格式。

▼ 举例：传统方式

```
const str = "绿叶学习网" +
            "从0到1";
console.log(str);
```

控制台效果如图 3-5 所示。

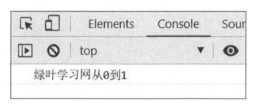

图 3-5

▼ 分析

对于使用"+"实现的字符串拼接，虽然两个字符位于不同行，但是最终拼接成的字符串是在一行显示的。

▌举例：模板字符串

```
const str = `绿叶学习网
            从0到1`;
console.log(str);
```

控制台效果如图 3-6 所示。

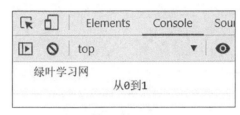

图 3-6

▌分析

对于这个例子，小伙伴们可以思考一下为什么控制台显示的第 1 行文字前面没有空白，而第 2 行文字前面有一段空白呢？

▌举例：保留引号

```
const str = `I'm Jack,
welcome to "lvyestudy".`
console.log(str);
```

控制台效果如图 3-7 所示。

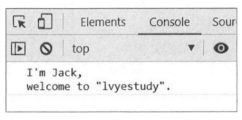

图 3-7

▌分析

在模板字符串中，单引号和双引号是不需要转义的，可以直接保留下来。

2. ${} 插入表达式

我们都知道，在模板字符串中，可以使用"${}"来插入一个变量。实际上，除了可以用"${}"插入一个变量，还可以插入一个表达式。

▌举例：${} 插入表达式

```
const x = 10;
const y = 20;
const sum = `${x}+${y}=${x+y}`;
```

```
console.log(sum);
```

控制台输出结果如下所示。

```
10+20=30
```

▎分析

${} 内部不仅可以是变量，还可以是表达式，例如 ${x+y}。这种用 ${} 插入表达式的方式在实际开发中也很常见。

最后，我们来总结一下模板字符串的特点，主要有以下 4 点。
- ▸ 凡是使用反引号引起来的字符串，都叫作模板字符串。模板字符串本质上是一个字符串。
- ▸ 对于字符串拼接，我们推荐使用模板字符串而不是使用 "+" 来实现。
- ▸ "${}" 只能用于模板字符串，不能用于普通字符串。
- ▸ 我们同样可以使用反引号来定义一个字符串，只不过一般情况下不会这样做。

3.7 本章练习

一、选择题

1. 如果想要判断字符串中是否包含某个子字符串（不区分位置），可以使用（　　）方法。（选两个）

　　A.indexOf()　　　　　　　　　　B.includes()
　　C.startsWith()　　　　　　　　　D.endsWith()

2. 下面有关模板字符串的说法中，不正确的是（　　）。
　　A. 模板字符串本质上就是一个字符串
　　B. ${} 只能用来插入变量，不能用来插入表达式
　　C. ${} 只能用于模板字符串，不能用于普通字符串
　　D. 模板字符串会保留格式，包括缩进、换行等

二、编程题

1. 编写一个函数 repeatStr()，使用字符串的 repeat() 方法不断对任意一个字符串进行重复，然后将超过 20 个字符的部分截断、舍弃，也就是最终会返回一个包含 20 个字符的字符串。

2. 编写一个函数 shieldStr()，用于接收一个电子邮件地址，然后屏蔽 @ 前面所有的字符。比如，lvyestudy@foxmail.com 将被屏蔽为 **********@foxmail.com。

第 4 章 数组的扩展

4.1 数组的扩展简介

上一章我们介绍了字符串的扩展,这一章再来介绍一下数组的扩展。ES6 为数组新增了很多方法,其中常用的静态方法如表 4-1 所示,常用的实例方法如表 4-2 所示。

表 4-1 静态方法

方法	说明
Array.isArray()	判断某一个值是否为数组
Array.of()	创建数组
Array.from()	将类数组转换为数组

表 4-2 实例方法

方法	说明
fill()	填充数组
flat()	打平数组
includes()	判断数组中是否包含某个**元素**
find()	查找数组中符合条件的**元素**
findIndex()	查找数组中符合条件的**元素的索引**
every()	判断数组中所有元素是否都满足某个条件
some()	判断数组中是否至少存在一个元素满足某个条件
keys()	遍历 key
values()	遍历 value
entries()	同时遍历 key 和 value

小伙伴们一定要严格区分哪些是静态方法,哪些是实例方法,不要把它们搞混了。

4.2 判断数组：Array.isArray()

在 ES6 中，我们可以使用 Array.isArray() 方法来判断某一个值是否为数组。

▌ 语法

```
Array.isArray(值)
```

▌ 说明

Array.isArray() 会返回一个布尔值。注意，isArray() 是 Array 的一个静态方法，它是不能在数组实例中使用的。

▌ 举例：ES6 的方式

```
console.log(Array.isArray([1, 2, 3]));
console.log(Array.isArray("Jack"));
console.log(Array.isArray(undefined));
console.log(Array.isArray({ name: "Jack" }));
```

控制台输出结果如下所示。

```
true
false
false
false
```

▌ 分析

判断某一个值是否为数组，使用 ES6 中的 Array.isArray() 方法会非常简单。那么在 ES5 中怎么实现这一判断呢？

▌ 举例：ES5 的方式

```
const result = Object.prototype.toString.call([1, 2, 3]);
console.log(result);
if(result.indexOf("Array") !== -1) {
    console.log("这是一个数组");
}
else {
    console.log("这不是一个数组");
}
```

控制台输出结果如下所示。

```
[object Array]
这是一个数组
```

▌ 分析

如果某一个值是数组，那么 Object.prototype.toString.call() 会输出这样一个字符串：[object Array]。通过判断这里输出的字符串是否包含"Array"，我们可以判断这个值是否为数组。

Object.prototype.toString.call() 是 ES5 中的方法，它本身是非常复杂的，感兴趣的小伙伴可以自行搜索了解一下。深入了解这种方法，对提升你的 JavaScript 水平还是有很大帮助的。

4.3 创建数组：Array.of()

在 ES6 之前，创建一个数组有两种方式：一种是使用构造函数（即 new Array()），另一种是使用数组字面量（即"[]"）。但是这两种方式可能会产生一些奇奇怪怪的行为，我们先来看几个简单的例子。

▎ **举例**：new Array()

```
const arr1 = new Array();
const arr2 = new Array(0);
const arr3 = new Array(1);
const arr4 = new Array(1, 2);

console.log(arr1);
console.log(arr2);
console.log(arr3);
console.log(arr4);
```

控制台输出结果如下所示。

```
[]
[]
[empty]
[1, 2]
```

▎ **分析**

当 new Array() 的参数为空时，表示定义一个空数组，这句代码没什么问题。

当 new Array() 的参数为 0 时，我们预期的效果是定义一个数组，该数组只有 1 个元素，而元素的值为 0。但是这里却比较奇怪，new Array(0) 的运行结果是一个空数组。

当 new Array() 的参数为 1 时，我们预期的效果是定义一个数组，该数组只有 1 个元素，而元素的值为 1。此时结果也非常奇怪，new Array(1) 的运行结果是 [empty]。[empty] 并不是一个空数组，而是包含 1 个元素的数组，若小伙伴们执行 console.log(arr3.length)，会发现 arr3 的长度为 1。

当 new Array() 的参数为"1, 2"时，表示定义一个包含两个元素的数组，这句代码没什么问题。

▎ **举例**：[]

```
const arr1 = [];
const arr2 = [0];
const arr3 = [1];
const arr4 = [1, 2];
```

```
console.log(arr1);
console.log(arr2);
console.log(arr3);
console.log(arr4);
```

控制台输出结果如下所示。

```
[]
[0]
[1]
[1, 2]
```

▶ 分析

使用数组字面量的方式来创建数组，不会像使用构造函数那样出现那么多怪异的行为。
ES6 引入一种新的创建数组的方式，那就是 Array.of() 方法。

▶ 举例：Array.of()

```
const arr1 = Array.of();
const arr2 = Array.of(0);
const arr3 = Array.of(1);
const arr4 = Array.of(1, 2);

console.log(arr1);
console.log(arr2);
console.log(arr3);
console.log(arr4);
```

控制台输出结果如下所示。

```
[]
[0]
[1]
[1, 2]
```

▶ 分析

Array.of() 方法的出现主要是为了解决 new Array() 方式的怪异行为。Array.of() 的引入并不代表用"[]"创建数组的方式就被抛弃了。在实际开发中，我们比较推荐使用"[]"来创建数组，因为这种方式更加简单、直观。不过，Array.of() 这种方法还是需要了解一下的，因为不少地方可能会用到它。

小伙伴们可能会问："为什么 ES5 的语法这么奇怪呢？"实际上，这是历史遗留的问题，因为 JavaScript 的创造者并不是一开始就能把 JavaScript 这门语言设计得十全十美的，这门语言是经过无数次的迭代升级才慢慢完善的。

4.4 转换数组：Array.from()

4.4.1 类数组

1. 类数组是什么

在 JavaScript 中，类数组是一个非常重要的概念。常见的类数组有以下 3 种。

- 字符串。
- 函数的 arguments。
- DOM 的 NodeList。

类数组，又被称为"伪数组"（array-like），它并不是真正的数组，只是类似于数组而已。类数组一般具备这样的特点：①**拥有 length 属性**；②**可以使用下标方式访问**。但是类数组不能使用数组的其他方法，比如 push()、slice()、join() 等。

需要说明的是，本书所说的"类数组"都指"类数组对象"，也就是类似于数组的对象。

▌ **举例：字符串**

```
const str = "绿叶学习网";
console.log(str.length);
console.log(str[0]);
```

控制台输出结果如下所示。

```
5
绿
```

▌ **分析**

小伙伴们可能会感到疑惑："字符串怎么可以使用下标方式访问呢？"字符串本质上属于基础类型，是不可变的，但是它在调用的时候会被转化成一个临时包装对象，也就是 String 对象，String 对象其实就是一个类数组。现在小伙伴们有没有觉得"奇怪的知识"又增加了呢？

▌ **举例: arguments**

```
function foo() {
    console.log(arguments.length);
    console.log(arguments[0]);
}
foo(1, 2, 3, 4);
```

控制台输出结果如下所示。

```
4
1
```

▼ 分析

arguments 是函数自带的，它表示获取函数的参数，但是它只能在函数内部使用。由于 arguments 是 ES5 中的概念，这里就不详细展开介绍了，小伙伴们可以自行搜索了解一下。

▼ 举例：NodeList

```
<!DOCTYPE html>
<html>
<head>
    <meta charset="utf-8"/>
    <title></title>
    <script>
        window.onload = function () {
            var oLis = document.getElementsByTagName("li");
            console.log(oLis.length);
            console.log(oLis[0]);
        }
    </script>
</head>
<body>
    <ul>
        <li>HTML</li>
        <li>CSS</li>
        <li>JavaScript</li>
    </ul>
</body>
</html>
```

控制台输出结果如下所示。

```
3
<li>HTML</li>
```

▼ 分析

使用 getElementsByTagName()、getElementsByClassName() 等方法获取的 DOM 集合，本质上也是一个类数组。如果小伙伴看过与本书同系列的《从 0 到 1：JavaScript 快速上手》，相信会对这个地方非常熟悉。

因为字符串、arguments、NodeList 是类数组，所以它们只能使用 length 属性以及下标方式，而不能使用真正数组的 push()、slice()、join() 等方法。对于这一点，小伙伴们可以自己试一下。

类数组其实并不神秘，我们实际上还可以自定义一个类数组。你没有看错，我们确实可以手动定义一个类数组。只要对象符合一定的结构，它就可以成为一个类数组。

▼ 举例：自定义类数组

```
const fakeArr = { 0: "HTML", 1: "CSS", 2: "JavaScript", length: 3 }
console.log(fakeArr.length);
console.log(fakeArr[0]);
```

控制台输出结果如下所示。

```
3
HTML
```

▸ **分析**

我们都知道类数组有两个特点，一是可以使用 length 属性来获取长度，二是可以通过下标方式来获取某一项的值。fakeArr 这个对象能满足这两个条件，所以它是一个类数组。

2. Array.prototype.slice.apply()

在 ES5 中，如果想将一个**类数组**转换为**真正的数组**，我们要使用 Array.prototype.slice.apply() 这种方法来实现。

▸ **语法**

```
Array.prototype.slice.apply(类数组)
```

▸ **说明**

Array.prototype.slice.apply() 接收**类数组**作为参数，并会返回一个真正的数组。

▸ **举例：字符串**

```
const str = "绿叶学习网";
const arr = Array.prototype.slice.apply(str);
console.log(arr);
console.log(arr.join(","));          // 使用数组方法
```

控制台输出结果如下所示。

```
["绿", "叶", "学", "习", "网"]
绿,叶,学,习,网
```

▸ **分析**

在这个例子中，我们使用 Array.prototype.slice.apply() 来将 str 转换为真正的数组，接下来就可以使用数组的 join() 方法了。

▸ **举例: arguments**

```
function foo(){
    const arr = Array.prototype.slice.apply(arguments);
    console.log(arr);
    arr.push(5);                     // 使用数组方法
    console.log(arr);
}
foo(1, 2, 3, 4);
```

控制台输出结果如下所示。

```
[1, 2, 3, 4]
[1, 2, 3, 4, 5]
```

▸ **举例: NodeList**

```
<!DOCTYPE html>
<html>
<head>
    <meta charset="utf-8"/>
```

```
            <title></title>
            <script>
                window.onload = function () {
                    var oLis = document.getElementsByTagName("li");
                    Array.prototype.slice.apply(oLis).forEach(function (item) {
                        console.log(item.innerText);
                    });
                }
            </script>
        </head>
        <body>
            <ul>
                <li>HTML</li>
                <li>CSS</li>
                <li>JavaScript</li>
            </ul>
        </body>
    </html>
```

控制台输出结果如下所示。

```
HTML
CSS
JavaScript
```

▌ 分析

在这个例子中，我们使用 Array.prototype.slice.apply() 将 oLis 转换为一个真正的数组，这个时候就可以使用数组的 forEach() 方法了。

▌ 举例：自定义类数组

```
const fakeArr = { 0: "HTML", 1: "CSS", 2: "JavaScript", length: 3 }
const arr = Array.prototype.slice.apply(fakeArr);
console.log(arr);
arr.push("ES6")
console.log(arr);
```

控制台输出结果如下所示。

```
["HTML", "CSS", "JavaScript"]
["HTML", "CSS", "JavaScript", "ES6"]
```

▌ 分析

在这个例子中，我们使用 Array.prototype.slice.apply() 来将 fakeArr 转换为真正的数组，接下来就可以使用数组的 push() 方法了。

最后要说一下，Array.prototype.slice.apply() 是 ES5 中的方法，它本身的原理是非常复杂的。初学者只需要知道这个方法可以将**类数组**转换为**真正的数组**即可。如果想要深入了解，可以自行搜索或者发邮件与我探讨。

4.4.2 Array.from()

在 ES6 中，我们可以使用 Array.from() 方法来将一个**类数组**转换为**真正的数组**。

▼ 语法

```
Array.from(类数组)
```

▼ 说明

Array.from() 方法接收一个类数组作为参数，然后返回一个真正的数组。

▼ 举例：字符串

```
const str = "绿叶学习网";
const arr = Array.from(str);
console.log(arr);
console.log(arr.join(","));          // 使用数组方法
```

控制台输出结果如下所示。

```
["绿", "叶", "学", "习", "网"]
绿,叶,学,习,网
```

▼ 分析

在上面这个例子中，我们使用了 Array.from() 来将字符串转换为一个真正的数组。当然，小伙伴们可以自行使用 Array.from() 来测试一下 arguments 和 NodeList 的情况。

实际上，Array.from() 除了可以把类数组转换为数组，还可以把 Set、Map 转换为数组。我们会在后续章节详细介绍 Set 和 Map，小伙伴们可以先跳过下面这一部分的内容，学完 Set 和 Map 后再回到这里阅读。

▼ 举例：Set

```
const set = new Set(["red", "green", "blue"]);
const arr = Array.from(set);
console.log(arr);
console.log(arr.join(","));          // 使用数组方法
```

控制台输出结果如下所示。

```
["red", "green", "blue"]
"red", "green", "blue"
```

▼ 举例：Map

```
const map = new Map([["name", "Jack"], ["age", 24]]);
const arr = Array.from(map);
console.log(arr.splice(0, 1));       // 使用数组方法
```

控制台输出结果如下所示。

```
[["name", "Jack"]]
```

▌分析

我们要特别注意一点，Set 和 Map 并不属于类数组，而是独立的数据结构。也就是说，Array.from() 可以以下 3 种数据结构转换为真正的数组。

- 类数组。
- Set。
- Map。

此外，ES6 的 Array.from() 能把 Set 和 Map 转换为数组，但是 ES5 的 Array.prototype.slice.apply() 是不能把 Set 和 Map 转换为数组的，请看下面的例子。

▌举例

```
const set = new Set(["red", "green", "blue"]);
const arr1 = Array.prototype.slice.apply(set);
console.log(arr1);

const map = new Map([["name", "Jack"], ["age", 24]]);
const arr2 = Array.prototype.slice.apply(map);
console.log(arr2);
```

控制台输出结果如下所示。

```
[]
[]
```

▌分析

Array.prototype.slice.apply() 只能将类数组转换为数组，但 Set 和 Map 并不属于类数组。

▌举例：实际应用

```
<!DOCTYPE html>
<html>
<head>
    <meta charset="utf-8">
    <title></title>
    <script>
        window.onload = function () {
            let oLis = document.getElementsByTagName("li");
            oLis = Array.from(oLis);

            const colorArr = ["red", "green", "blue"];
            oLis.forEach((item, index) => {
                item.style.color = colorArr[index];
            });
        }
    </script>
</head>
<body>
    <ul>
        <li>红色</li>
        <li>绿色</li>
```

```
        <li>蓝色</li>
    </ul>
</body>
</html>
```

浏览器效果如图 4-1 所示。

图 4-1

▶ 分析

在这个例子中，首先我们获取一个 NodeList，然后使用 Array.from() 将 NodeList 转换为数组，这样就可以使用数组的 forEach() 循环了。最后在 forEach() 循环内部修改每一个 li 元素的颜色。

4.5 填充数组：fill()

在 ES6 中，如果想要使用某一个指定的值来填充数组，我们可以使用 fill() 方法来实现。

▶ 语法

```
arr.fill(value, start, end)
```

▶ 说明

value 表示用来填充的值，start 表示填充的开始位置，end 表示填充的结束位置。不省略 start 而省略 end，表示从下标为 start 值的位置开始填充数组。start 和 end 都省略，表示填充整个数组。

在实际开发中，我们可能会遇到这样一种情况：新建一个包含 10 个元素的数组，每个元素的默认值都是 0。在 ES5 中，我们要这样写。

```
// ES5方式
const arr = [0, 0, 0, 0, 0, 0, 0, 0, 0, 0];
```

但是如果使用 ES6 中的 fill() 方法，就简单多了。

```
// ES6方式
const arr = new Array(10).fill(0);
```

▶ 举例

```
const arr1 = [1, 2, 3, 4];
arr1.fill(8);
console.log(arr1);
```

```
const arr2 = [1, 2, 3, 4];
arr2.fill(8, 2);
console.log(arr2);
```

控制台输出结果如下所示。

```
[8, 8, 8, 8]
[1, 2, 8, 8]
```

▌ 分析

小伙伴们需要特别注意一点，fill() 方法会改变原数组。此外，ES6 中还有一个与 fill() 方法比较相似的 copyWithin() 方法，不过这个方法实在比较鸡肋，几乎不怎么会用到。

4.6 打平数组：flat()

4.6.1 语法简介

在 ES6 中，我们可以使用 flat() 方法来"打平"数组，也就是实现数组的扁平化。所谓的数组扁平化，指的是将多维数组转化为一维数组，比如将 [1,[2,[3]],4,[5]] 转化为 [1,2,3,4,5]。

▌ 语法

```
arr.flat(正整数或Infinity)
```

▌ 说明

flat() 方法只有一个参数，表示想打平的"层数"。这个参数可以是正整数或 Infinity，默认值是 1。

比如，flat(1) 表示打平 1 层，flat(2) 表示打平 2 层，flat(Infinity) 表示不管有多少层嵌套，都转化成一维数组。一般情况下我们只会用到 flat(Infinity)。

▌ 举例

```
const arr = [1,[2,[3]],4,5];
console.log(arr.flat(1));
console.log(arr.flat(2));
console.log(arr.flat(Infinity));
```

控制台输出结果如下所示。

```
[1, 2, [3], 4, 5]
[1, 2, 3, 4, 5]
[1, 2, 3, 4, 5]
```

4.6.2 深入了解

在实际开发中，只有一些特殊的场景会用到数组的扁平化。但是前端面试却很喜欢考核这个知识点,最常见的一个问题就是请面试者分别使用 ES5 和 ES6 来实现数组的扁平化。

使用 ES6 实现数据扁平化的方式我们已经知道,就是使用 flat(Infinity)。接下来我们介绍一下怎么用 ES5 实现。当然,小伙伴们也可以先自己尝试实现一下,这样更能锻炼自己的能力。

在 ES5 中,实现数组扁平化的常见方式有以下 3 种。

- 递归实现。
- toString() 方法。
- join() 方法。

▼ 举例:递归实现

```
function flatArr(arr) {
    var resultArr = [];
    arr.forEach(function (item) {
        var str = Object.prototype.toString.call(item);
        if (str.indexOf("Array") !== -1) {
            resultArr = resultArr.concat(flatArr(item));
        } else {
            resultArr = resultArr.concat(item)
        }
    });
    return resultArr;
}

var arr = [1, [2, [3]], 4, [5]];
console.log(flatArr(arr));
```

控制台输出结果如下所示。

```
[1, 2, 3, 4, 5]
```

▼ 分析

在这个例子中,我们定义了一个函数 flatArr(),用于实现数组的扁平化。在 flatArr() 中,我们首先定义了一个用于保存结果的空数组 resultArr,接下来使用 forEach() 方法对传进来的数据进行遍历。在遍历的过程中,如果遇到数组,则进行递归处理;如果不是数组,则添加到 resultArr 中。最后得到的 resultArr 就是被扁平化的数组。

在代码 var str = Object.prototype.toString.call(item); 中,如果 item 是数组,那么 Object.prototype.toString.call(item) 就会返回字符串 "[object Array]"。因此,我们只需要判断这里返回的字符串中是否包含 "Array" 就可以判断 item 是否为数组了。Object.prototype.toString.call() 方法是 ES5 判断数组的方式,我们在 "4.2 判断数组:Array.isArray()" 这一节中已经介绍过。

▼ 举例: toString() 方法

```
var arr = [1, [2, [3]], 4, [5]];
var tempArr = arr.toString().split(",");
var resultArr = tempArr.map(function (item) {
    return parseInt(item);
});
console.log(resultArr);
```

控制台输出结果如下所示。

```
[1, 2, 3, 4, 5]
```

▌分析

在这个例子中，arr.toString() 的结果是这样一个字符串："1,2,3,4,5"。明白了这一点，接下来的内容就很好理解了。不过这种实现方式只适合数组元素为整数的情况，如果数组元素是 undefined、null、字符串等，就无法用这种方式实现。

▌举例：join() 方法

```
var arr = [1, [2, [3]], 4, [5]];
var tempArr = arr.join().split(",");
var resultArr = tempArr.map(function (item) {
    return parseInt(item);
});
console.log(resultArr);
```

控制台输出结果如下所示。

```
[1, 2, 3, 4, 5]
```

▌分析

在这个例子中，arr.join() 的结果是这样一个字符串："1,2,3,4,5"。接下来的操作就和使用 toString() 打平数组的那个例子一样了。

从上文中可以看到，如果数组元素的类型不确定，最好的办法还是使用递归。如果在前端面试中遇到这类题目，使用递归是完全没有问题的，另外两种方式存在一定缺陷。

4.7 判断元素：includes()

在 ES6 中，我们可以使用 includes() 方法来判断数组中是否包含某个值。

▌语法

```
arr.includes(value, index)
```

▌说明

value 是必选参数，表示你要查找的那个值。index 是可选参数，表示从哪个元素下标开始查找（默认为 0）。一般情况下，我们很少用到 index 这个参数。

字符串和数组都有 includes() 方法，小伙伴可以对比两者，以加深理解和记忆。includes() 这个方法在实际开发中是非常有用的，我们要重点掌握。

▌举例：includes() 的使用

```
const arr = ["red", "green", "blue"];
console.log(arr.includes("green"));
console.log(arr.includes("silver"));
```

控制台输出结果如下所示。

```
true
false
```

▌ 举例: includes() 和 indexOf()

```
const arr = ["red", "green", "blue"];
console.log(arr.includes("green"));
console.log(arr.indexOf("green")!==-1);
```

控制台输出结果如下所示。

```
true
true
```

▌ 分析

includes() 和 indexOf() 这两个方法都可以用于判断数组中是否存在某个值，其中 includes() 方法更为简单，因为它会直接返回 true 或 false；而 indexOf() 方法更为复杂一些，因为我们还要将它的值与 -1 进行比较，才能知道结果。

▌ 举例: includes() 和 find()

```
const arr = ["red", "green", "blue"];

// includes()
console.log(arr.includes("red"));

// find()
const result = arr.find(function(value) {
    return value === "red";
})
console.log(result === "red");
```

控制台输出结果如下所示。

```
true
true
```

▌ 分析

includes() 的功能是判断数组中是否存在某个值，而 find() 的功能是判断数组中是否存在符合条件的值。当然，如果想判断数组中是否存在某个值，使用 find() 也可以实现。但是从这个例子中可以明显看出，使用 includes() 比 find() 简单太多。

我们建议，在实际开发中，如果仅仅需要判断数组中是否存在某个值，优先使用 includes() 来实现；如果需要进行复杂判断，再去使用 find()。

最后，我们来总结一下这 3 个容易混淆的方法: indexOf() 和 includes() 都是用来判断数组中**是否存在某个值的**，其中 includes() 使用起来更加简单方便；而 find() 用于**判断数组中是否存在符合条件的值**。

4.8 查找元素：find()、findIndex()

ES6 中新增了两个用于查找数组元素的方法：find() 和 findIndex()。find() 用于查找数组中符合条件的**元素**，findIndex() 用于查找数组中符合条件的**元素的索引**。

简单点说，find() 查找的是**元素的值**，findIndex() 查找的是**元素的位置**。

4.8.1 find()

在 ES6 中，我们可以使用 find() 方法来查找数组中符合条件的**元素**。

▌ 语法

```
arr.find(function (value, index, array) {
    ……
})
```

▌ 说明

find() 方法接收一个回调函数作为参数，所有数组元素都会依次执行一次该回调函数。如果有符合条件的元素，就返回第一个符合条件的元素。如果一个符合条件的元素都没有，就返回 undefined。

该回调函数本身又有 3 个参数：value、index、array。value 表示数组的元素，index 表示数组元素的索引，array 表示数组本身。其中，index 和 array 可以省略。

▌ 举例

```
const arr = [1, 3, 5, 7, 9];
const result = arr.find(function (value) {
    return value > 5;
})
console.log(result);
```

控制台输出结果如下所示。

7

▌ 分析

在这个例子中，find() 方法用于找出数组 arr 中第一个大于 5 的数组元素，也就是 7。

▌ 举例

```
const fruitArr = [
    { name: "apple", price: 8.5 },
    { name: "banana", price: 15.8 },
    { name: "cherry", price: 29.8 },
];
const result = fruitArr.find(function (value) {
    return value.price > 20;
```

```
});
console.log(result.name);
```

控制台输出结果如下所示。

```
cherry
```

▶ 分析

在这个例子中，数组 fruitArr 的每一个元素都是一个对象。find() 方法用于找出第一个 price 属性大于 20 的数组元素，也就是 {name: "cherry", price:29.8}。

4.8.2 findIndex()

在 ES6 中，我们可以使用 findIndex() 方法来查找数组中符合条件的**元素的索引**。

▶ 语法

```
arr.findIndex(function (value, index, array) {
    ……
})
```

▶ 说明

find() 和 findIndex() 相似，只不过 find() 查找的是**元素**，而 findIndex() 查找的是**元素的索引**。

▶ 举例

```
const arr = [1, 3, 5, 7, 9];
const result = arr.findIndex(function (value) {
    return value > 5;
});
console.log(result);
```

控制台输出结果如下所示。

```
3
```

▶ 分析

在 ES5 中，我们可以使用数组的 indexOf() 和 lastIndexOf() 这两个方法来查找数组元素。但是这两种方法有一定局限性，就是只能查找与某个值匹配的元素，不能查找符合某个条件的元素。

在实际开发中，如果想要查找数组中**与某个值匹配**的元素，indexOf() 和 lastIndexOf() 是比较好的选择。但是如果想要查找数组中**符合某个条件**的元素，find() 和 findIndex() 是比较好的选择。

4.9 every() 和 some()

在 ES6 中，every() 和 some() 是非常相似的两个方法，它们的区别如下。

- every()：用于判断数组中所有元素是否都满足某个条件。如果都满足，返回 true；如果有一个不满足，则返回 false。

- some()：用于判断数组中是否存在一个元素满足某个条件。只要有一个元素满足，就返回 true；只有当所有元素都不满足时，才会返回 false。

every() 方法类似于"与运算"，而 some() 方法类似于"或运算"。这样一类比，它们各自的功能就非常好理解了。

▼ 语法

```
arr.every(function (value, index, array) {
    ……
})
arr.some(function (value, index, array) {
    ……
})
```

▼ 说明

every() 和 some() 都接收一个回调函数作为参数。回调函数本身又有 3 个参数：value、index、array。value 表示数组的元素，index 表示数组元素的索引，array 表示数组本身。其中，index 和 array 可以省略。

需要注意的是，如果对空数组进行判断，那么 every() 任何时候都返回 true，而 some() 任何时候都返回 false。

▼ 举例：every()

```
const arr = [3, 9, 1, 12, 50, 21];
const result = arr.every(function (value) {
    return value > 10;
});
console.log(result);
```

控制台输出结果如下所示。

```
false
```

▼ 分析

在这个例子中，我们使用 every() 方法来判断数组 arr 的所有元素是否都大于 10，因此返回 false。

▼ 举例：some()

```
const arr = [3, 9, 1, 12, 50, 21];
const result = arr.some(function (value) {
    return value > 10;
});
console.log(result);
```

控制台输出结果如下所示。

```
true
```

▼ 分析

在这个例子中，我们使用 some() 方法来判断数组 arr 中是否存在大于 10 的元素，因此返回 true。

举例：空数组

```
const arr = [];

const everyResult = arr.every(function (value) {
    return value > 10;
});
console.log(everyResult);

const someResult = arr.some(function (value) {
    return value > 10;
});
console.log(someResult);
```

控制台输出结果如下所示。

```
true
false
```

分析

在前后端交互的时候，我们可能会遇到空数组，所以小伙伴们有必要了解一下这种情况。

4.10 keys()、values() 和 entries()

在 ES5 中，如果想要遍历一个数组，我们可以使用 for 循环，也可以使用 forEach() 方法。在 ES6 中，如果想要遍历一个数组，我们还可以使用新增的 3 种方法，如表 4-3 所示。

表 4-3　新增的遍历数组的方法

方法	说明
keys()	遍历数组的“键”
values()	遍历数组的“值”
entries()	同时遍历数组的“键”和“值”

对于数组来说，它的键其实就是**元素的索引**，它的值就是**元素的值**。

语法

```
arr.keys()
arr.values()
arr.entries()
```

说明

这 3 种方法都会返回一个 Iterator 对象，既然是 Iterator 对象，接下来我们就可以使用 for...of 循环来遍历。

需要注意的是，keys()、values()、entries() 这 3 种方法属于实例方法，而不是静态方法。后面介绍的 Object.keys()、Object.values()、Object.entries() 则不同，小伙伴们可以对比理解一下。

由于这一节涉及"第 10 章 可迭代对象"的知识点,小伙伴们可以先跳过这一节,等学完第 10 章后再回来阅读本节。

▌ 举例

```
const arr = ["red", "green", "blue"];
console.log(arr.keys());
console.log(arr.values());
console.log(arr.entries());
```

控制台效果如图 4-2 所示。

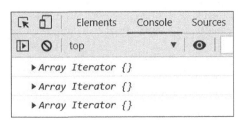

图 4-2

▌ 分析

从控制台效果可以看出,这 3 个方法返回的都是一个 Iterator 对象。接下来,我们就可以使用 for...of 来进行遍历,请看下面的例子。

▌ 举例:keys()

```
const arr = ["red", "green", "blue"];
for(let item of arr.keys()) {
    console.log(item);
}
```

控制台输出结果如下所示。

```
0
1
2
```

▌ 举例:values()

```
const arr = ["red", "green", "blue"];
for(let item of arr.values()) {
    console.log(item);
}
```

控制台输出结果如下所示。

```
red
green
blue
```

▌ 举例:entries()

```
const arr = ["red", "green", "blue"];
```

```
for(let item of arr.entries()) {
    console.log(item);
}
```

控制台输出结果如下所示。

```
[0, "red"]
[1, "green"]
[2, "blue"]
```

▌ 分析

在实际开发中，对于数组的遍历，我们更倾向于使用 forEach() 来实现，较少使用 keys()、values()、entries() 这 3 种方法，所以小伙伴们简单了解一下这一节的内容即可。

4.11 字符串和数组的相同方法

我们都知道，字符串和数组有很多相同的方法。这里给小伙伴们做一个总结，以帮助小伙伴们增进理解，增强记忆。这一节属于扩展内容，主要目的是帮小伙伴们构造一个更加完善的知识体系。

字符串和数组的相同方法有以下几种（包括 ES5 和 ES6）。

- indexOf() 和 lastIndexOf()。
- includes()。
- slice()。
- concat()。

由于大多数数据类型都有 toString() 和 valueOf() 这两种方法，就不放在这里介绍了。

▌ 举例：indexOf()

```
// 字符串
const str = "hello lvye";
console.log(str.indexOf("lvye"));
console.log(str.indexOf("Lvye"));

// 数组
const arr = ["中国", "广东", "广州"];
console.log(arr.indexOf("广州"));
console.log(arr.indexOf("杭州"));
```

控制台输出结果如下所示。

```
6
-1
2
-1
```

▌ 分析

如果 indexOf() 能从字符串和数组中找到特定的值，就返回该值对应的下标；如果找不到，就返回 −1。

▌举例：includes()

```
// 字符串
const str = "hello lvye";
console.log(str.includes("lvye"));
console.log(str.includes("Lvye"));

// 数组
const arr = ["中国", "广东", "广州"];
console.log(arr.includes("广州"));
console.log(arr.includes("杭州"));
```

控制台输出结果如下所示。

```
true
false
true
false
```

▌分析

如果 includes() 能从字符串和数组中找到特定的值，就返回 true；如果找不到，就返回 false。

▌举例：slice()

```
// 字符串
const str = "hello lvye";
console.log(str.slice(6));

// 数组
const arr = ["中国", "广东", "广州"];
console.log(arr.slice(1));
```

控制台输出结果如下所示。

```
lvye
["广东", "广州"]
```

▌分析

在 slice() 方法中，slice(start, end) 表示截取范围为 [start, end)，也就是包含 start 处的值，但不包含 end 处的值。当 end 省略时，表示截取范围为"从 start 到结尾"。

▌举例：concat()

```
// 字符串
const str1 = "hello";
const str2 = "lvye";
console.log(str1.concat(str2));

// 数组
const arr1 = ["中国"];
const arr2 = ["广东", "广州"];
```

```
console.log(arr1.concat(arr2));
```

控制台输出结果如下所示。

```
hellolvye
["中国", "广东", "广州"]
```

▌ 分析

concat() 方法不仅可以用于合并两个数组，而且可以用于合并两个字符串。

4.12 本章练习

一、单选题

1. 判断数组是否包含某一个值，最简单的方法是（   ）。
   A.includes()   B.indexOf()
   C.find()   D.findIndex()

2. 下面有关类数组的说法中，正确的是（   ）。
   A. 类数组可以直接使用 push()、slice() 等方法
   B. Set 和 Map 都属于类数组
   C. 类数组并不一定是内置的，我们还可以自定义一个类数组
   D. 字符串不属于类数组

二、问答题

1. 如何判断某一个值是否为数组？请分别使用 ES5 和 ES6 来实现。（前端面试题）
2. 下面有几个与类数组有关的问题，请分别回答。（前端面试题）
   （1）类数组有什么特点？请说出几个常见的类数组。
   （2）能不能自定义一个类数组？如果可以，请写出一个自定义的类数组。
   （3）如何将一个类数组转换为真正的数组？请分别使用 ES5 和 ES6 来实现。
   （4）在实际开发中，为什么我们要把类数组转换为真正的数组？
3. 请将下面的多维数组转换为一维数组，分别使用 ES5 和 ES6 来实现。（前端面试题）

```
const arr = [1, [null, ["lvye"]], 2];
```

第 5 章 对象的扩展

5.1 对象的扩展简介

前面我们介绍了字符串和数组的扩展,这一章再来介绍一下对象的扩展。ES6 为对象新增了很多方法,其中常用的方法如表 5-1 所示。

表 5-1 对象的新增方法

方法	说明
Object.is()	判断两个值是否相等
Object.assign()	合并对象
Object.freeze()	冻结对象
Object.keys()	遍历对象的"键"
Object.values()	遍历对象的"值"
Object.entries()	同时遍历对象的"键"和"值"
Object.fromEntries()	将"键值对数组"转换为"对象",其效果与 Object.entries() 相反
Object.getPrototypeOf()	获取原型
Object.getOwnPropertyNames()	获取所有属性名
Object.defineProperty()	定义新属性

ES6 为对象新增的方法都是静态方法,而不是实例方法。除了新增方法之外,ES6 还扩展了对象的简写语法。接下来,我们将一一详细介绍这些方法。

5.2 简写语法

在 ES6 中,我们可以采用更加简洁的方式来定义一个对象。这一节的内容非常重要,在实际项目中非常常用,小伙伴们要重点掌握。

5.2.1 属性简写

在 ES6 中，允许直接写入一个变量作为对象的属性，也允许直接写入一个函数作为对象的方法。如果对象的属性值是一个变量，并且对象的属性名和变量名相同，就可以采用这种简写方式。

小伙伴们是不是还不太明白这里说的是什么意思？我们来看几个例子就会理解了。

▌ **举例：直接写入变量**

```
const foo = "foo";
const bar = "bar";
const obj = { foo: foo, bar: bar };

console.log(obj.foo);
console.log(obj.bar);
```

控制台输出结果如下所示。

```
foo
bar
```

▌ **分析**

在这个例子中，const obj = { foo: foo, bar: bar }; 把 foo 这个变量赋值给 obj 的 foo 属性，把 bar 这个变量赋值给 obj 的 bar 属性。此时我们可以发现，对象的属性名和变量名是相同的。

上面这种写法看起来很笨拙，在 ES6 中，我们可以用更为简洁的方法来表示。对于上面这个例子，下面两种方式是等价的。

```
// 完整方式
const obj = { foo: foo, bar: bar };

// 简写方式
const obj = { foo, bar };
```

▌ **举例：直接写入函数**

```
const foo = function(){
    console.log("foo");
};
const bar = function(){
    console.log("bar");
};
const obj = { foo, bar };

obj.foo();
obj.bar();
```

控制台输出结果如下所示。

```
foo
bar
```

▌分析

对于上面这个例子,下面两句代码是等价的。

```
const obj = { foo, bar };
const obj = { foo: foo, bar: bar };
```

总而言之,如果传入的变量名与对象的属性名相同的话,就可以采用上面介绍的这种简写方式。

5.2.2 方法简写

在 ES6 中,定义对象方法时,我们可以采用省略":function"的简写方式。

▌举例

```
const obj = {
    foo() {
        console.log("foo");
    },
    bar() {
        console.log("bar");
    }
};

obj.foo();
obj.bar();
```

控制台输出结果如下所示。

```
foo
bar
```

▌分析

对于这个例子,下面两种方式是等价的。

```
// 完整方式
const obj = {
    foo: function (){
        console.log("foo");
    },
    bar: function (){
        console.log("bar");
    }
};

// 简写方式
const obj = {
    foo() {
        console.log("foo");
    },
```

```
    bar() {
        console.log("bar");
    }
};
```

需要特别注意的是，这种简写方式只能用于定义对象的方法，不能用于**声明函数**。对象的简写语法非常重要，不管是在 Vue 项目还是在 React 项目中，它都十分常用，小伙伴们要重点掌握。

5.3 判断相等：Object.is()

在 ES6 之前，如果想要判断两个值是否相等，我们往往会使用"=="或者"==="，其中大多数情况下会使用"==="。但是"=="和"==="可能存在一些怪异行为。

在 ES6 中，我们可以使用 Object.is() 方法来判断两个值是否相等。Object.is() 方法更加准确，而且不会有任何怪异行为。

▶ **语法**

Object.is(a, b)

▶ **说明**

Object.is() 方法接收两个值作为参数，当这两个值"类型相同且值相同"时，就会返回 true，否则返回 false。

▶ **举例**

```
console.log(+0 == -0);                  // true
console.log(+0 === -0);                 // true
console.log(Object.is(+0, -0));         // false

console.log(NaN == NaN);                // false
console.log(NaN === NaN);               // false
console.log(Object.is(NaN, NaN));       // true

console.log(6 == "6");                  // true
console.log(6 === "6");                 // false
console.log(Object.is(6, "6"));         // false
```

控制台输出结果如下所示。

```
true
true
false

false
false
true

true
false
false
```

▌分析

在大多数情况下，Object.is() 与 "===" 的运行结果是相同的，但这两种情况例外：① +0 与 -0；② NaN 与 NaN。不过，在真实的项目开发中，我们一般不会比较 +0 与 -0 是否相等，或者比较两个 NaN 是否相等，所以这两种情况下的差异可以忽略。

也就是说，虽然现在有了 Object.is()，但是这并不代表 "===" 就被舍弃了。在实际开发中，我们还是更常使用 "===" 来判断两个值是否相等。当然，使用 Object.is() 也是没有问题的。

5.4 合并对象：Object.assign()

5.4.1 语法简介

在 ES6 中，我们可以使用 Object.assign() 方法来将多个对象合并成一个对象。Object.assign() 是一个极其重要的方法，小伙伴们要重点掌握。

▌语法

```
Object.assign(obj1, obj2, ..., objN);
```

▌说明

Object.assign() 方法表示将后面的所有对象合并到第 1 个对象中，也就是将 obj2、……、objN 合并到 obj1 中。注意，Object.assign() 方法会改变原对象。

▌举例：合并两个对象

```
const obj1 = { a: 1, b: 2 };
const obj2 = { c: 3, d: 4 };

Object.assign(obj1, obj2);
console.log(obj1);
console.log(obj2);
```

控制台输出结果如下所示。

```
{a: 1, b: 2, c: 3, d: 4}
{c: 3, d: 4}
```

▌分析

在这个例子中，Object.assign() 方法会将 obj2 合并到 obj1 中。需要特别注意的一点是，Object.assgin() 方法会改变第 1 个对象，也就是说 obj1 会被改变；但是它不会改变后面的对象，也就是说 obj2 将还是原来的对象。

▌举例：合并 n 个对象

```
const obj1 = { a: 1, b: 2 };
const obj2 = { c: 3, d: 4 };
const obj3 = { e: 5, f: 6 };
```

```
Object.assign(obj1, obj2, obj3);
console.log(obj1);
```

控制台输出结果如下所示。

```
{a: 1, b: 2, c: 3, d: 4, e: 5, f: 6}
```

▌ **举例：存在相同属性（1）**

```
const obj1 = { a: 1, b: 2 };
const obj2 = { b: 3, d: 4 };

Object.assign(obj1, obj2);
console.log(obj1);
```

控制台输出结果如下所示。

```
{a: 1, b: 3, d: 4}
```

▌ **分析**

对于 Object.assign() 方法，如果两个对象有相同的属性，那么后面对象的属性值会覆盖前面对象的属性值。我们再看一个例子。

▌ **举例：存在相同属性（2）**

```
const obj1 = { a: 1, b: 2 };
const obj2 = { b: 3, d: 4 };
const obj3 = { b: 5, f: 6 };

Object.assign(obj1, obj2, obj3);
console.log(obj1);
```

控制台输出结果如下所示。

```
{a: 1, b: 5, d: 4, f: 6}
```

5.4.2 深入了解

Object.assign() 方法实现的是浅复制，而不是深复制。浅复制和深复制的区别如下。

- **浅复制**：如果对象的属性属于基本类型，则复制它的值；如果属性属于引用类型，则复制它的引用。
- **深复制**：不管属性属于基本类型还是引用类型，都只复制它的值。

▌ **举例：浅复制**

```
const obj1 = { a: 1, b: 2 };
const obj2 = {
    c: 3,
    name: {
        first: "Jack",
        last: "Mo"
```

```
    }
}
Object.assign(obj1, obj2);
obj2.name.first = "Lucy";

console.log(obj1.name.first);
console.log(obj2.name.first);
```

控制台输出结果如下所示。

```
Lucy
Lucy
```

▌ 分析

在这个例子中，由于 Object.assign() 方法实现的是浅复制，因此当我们改变 obj2.name.first 的值时，obj1.name.first 的值会随之改变；当我们改变 obj1.name.first 的值时，obj2.name.first 也会随之改变，小伙伴们可以自己试一下。

用最通俗易懂的话来说就是：**如果是浅复制，那么前后两个对象可能还会藕断丝连；如果是深复制，那么前后两个对象一定毫无瓜葛。**

▌ 举例：复制对象

```
function clone(obj) {
    return Object.assign({}, obj);
}

const obj1 = {
    name: {
        first: "Jack",
        last: "Mo"
    },
    age: 24
};
const obj2 = clone(obj1);
obj2.name.first = "Lucy";
console.log(obj1.name.first);
console.log(obj2.name.first);
```

控制台输出结果如下所示。

```
Lucy
Lucy
```

▌ 分析

Object.assign() 方法只适合用来复制一些简单对象，不适合用来复制复杂对象。这里我们只是简单了解一下这种方法，在实际的开发中，我们很少会用 Object.assign() 方法来复制一个对象。

▌ 举例：处理数组

```
const arr1 = [1, 2, 3];
const arr2 = [4, 5];
```

```
Object.assign(arr1, arr2);
console.log(arr1);
```

控制台输出结果如下所示。

```
[4, 5, 3]
```

▌ 分析

之所以输出 [4,5,3]，是因为 Object.assign() 方法把数组 arr1、arr2 看成了下面这样的对象。

```
const arr1 = {"0": 1, "1": 2, "2": 3};
const arr2 = {"0": 4, "1": 5};
```

因此，使用 Object.assign() 合并数组后，arr2 的 0 号属性覆盖了 arr1 的 0 号属性，arr2 的 1 号属性覆盖了 arr1 的 1 号属性。不过，由于在实际的开发中，我们很少使用 Object.assign() 处理数组，因此小伙伴们简单了解一下这部分内容就可以了。

5.4.3 应用场景

在实际开发中，Object.assgin() 方法其实大有用武之地，它可以用于以下 4 个方面。
- 给对象添加属性。
- 给对象添加方法。
- 给对象属性设置默认值。
- 合并对象。

▌ 举例：给对象添加属性

```
function Person(name, gender, age) {
    Object.assign(this, { name, gender, age });
}
const p = new Person("Jack", 24, "male");
console.log(p);
```

控制台输出结果如下所示。

```
{ name: "Jack", gender: 24, age: "male" }
```

▌ 分析

Object.assign(this, {name, gender, age}) 表示将 name、gender、age 属性添加到 Person 对象的 this 中。对于这个例子，下面两种方式是等价的。

```
// 方式1
function Person(name, gender, age) {
    Object.assign(this, { name, gender, age });
}
// 方式2
function Person(name, gender, age) {
    this.name = name;
    this.gender = gender;
    this.age = age;
}
```

▌ 举例：给对象添加方法

```
function Person(name, age) {
    this.name = name;
    this.age = age;
}
Object.assign(Person.prototype, {
    getName() {
        return this.name;
    },
    getAge() {
        return this.age;
    }
});

const p = new Person("Jack", 24);
console.log(p.getName());
```

控制台输出结果如下所示。

```
Jack
```

▌ 分析

对于这个例子来说，下面两种方式是等价的。

```
// 方式1
Object.assign(Person.prototype, {
    getName() {
        return this.name;
    },
    getAge() {
        return this.age;
    }
});


// 方式2
Person.prototype.getName = function() {
    return this.name;
}
Person.prototype.getAge = function() {
    return this.age;
}
```

▌ 举例：给对象属性设置默认值

```
function createBox(box) {
    const defaultBox = {
        radius: 10,
        color: "red"
    };
    Object.assign(defaultBox, box);
    return defaultBox;
}
```

```
const box = createBox({ radius: 20 });
console.log(box);
```

控制台输出结果如下所示。

```
{ radius: 20, color: "red" }
```

▌ 分析

使用 Object.assign() 方法来设置对象属性的默认值，相当于先接受一个不完整的对象，然后填充缺失的值。

▌ 举例：合并对象

```
function findBook(book) {
    const { tag, price } = book;
    const options = {
        name: "从0到1"
    };

    if (tag) {
        Object.assign(options, { tag });
    }
    if (price) {
        Object.assign(options, { price });
    }
    console.log(options);
    // 接下来可以使用 options 作为查询数据库的条件
}
const book = {
    price: 89
};
findBook(book);
```

控制台输出结果如下所示。

```
{ name: "从0到1", price: 89 }
```

▌ 分析

在前后端交互的时候，前端可能会传来不确定数量的参数，然后希望从数据库查询一些信息。此时我们就可以使用 Object.assign() 方法来将这些参数合并成一个对象，再把这个对象传递给后端 service 层进行处理。

5.5 冻结对象：Object.freeze()

在 ES6 中，我们可以使用 Object.freeze() 方法来"冻结"一个对象。所谓的冻结一个对象，指的是将一个普通对象转化为一个不可变对象。

▌ 语法

```
Object.freeze(obj)
```

▌ 说明

如果一个对象被冻结,那么我们就不能为这个对象添加新的属性,不能删除已有属性,也不能修改已有属性的值。

▌ 举例

```
const person = {
    name: "Jack",
    gender: "男"
};
Object.freeze(person);
person.age = 24;
console.log(person);
```

控制台输出结果如下所示。

```
{ name: "Jack", gender: "男" }
```

▌ 分析

在这个例子中,由于 person 对象已经被冻结,所以我们给它添加新属性的操作是无效的。如果我们把 Object.freeze(person); 这句代码删除,输出结果将如下所示。

```
{ name: "Jack", gender: "男", age: 24 }
```

冻结对象非常有用,如果你不希望一个对象被修改,那么 Object.freeze() 就是一个很好的选择。

5.6 遍历对象:Object.keys()、Object.values()、Object.entries()

在 ES6 中,如果想要遍历一个对象,我们可以使用新增的 3 种方法,如表 5-2 所示。

表 5-2 新增的遍历对象的方法

方法	说明
Object.keys()	遍历对象的"键"
Object.values()	遍历对象的"值"
Object.entries()	同时遍历对象的"键"和"值"

▌ 语法

```
Object.keys(obj)
Object.values(obj)
Object.entries(obj)
```

▌ 说明

这 3 种方法都是静态方法,而不是实例方法。它们都接收一个对象作为参数,然后都会返回一个数组。

▌ 举例

```
const person = {
    name: "Jack",
    age: 24
}
const keyArr = Object.keys(person);
console.log(keyArr);
const valueArr = Object.values(person);
console.log(valueArr);
const arr = Object.entries(person);
console.log(arr);
```

控制台输出结果如下所示。

```
["name", "age"]
["Jack", 24]
[["name", "Jack"], ["age", 24]]
```

▌ 分析

Object.keys() 返回的是只包含**键（key）**的一维数组，Object.values() 返回的是只包含**值（value）**的一维数组，Object.entries() 返回的是包含**键值对**的二维数组。

Object.keys()、Object.values()、Object.entries() 方法与数组的 keys()、values()、entries() 方法非常相似，小伙伴们可以对比理解一下。

5.7 转换对象：Object.fromEntries()

在 ES6 中，我们可以使用 Object.fromEntries() 方法来将一个键值对数组转换为一个对象。Object.entries() 和 Object.fromEntries() 这两个方法的效果是相反的。

- Object.entries()：将一个对象转化为一个键值对数组。
- Object.fromEntries()：将一个键值对数组转化为一个对象。

▌ 举例

```
const obj = {
    name: "Jack",
    age: 24
};
console.log(Object.entries(obj));

const arr = [
    ["name", "Jack"],
    ["age", 24]
];
console.log(Object.fromEntries(arr));
```

控制台输出结果如下所示。

```
[["name", "Jack"], ["age", 24]]
{ name: "Jack", age: 24 }
```

▌ 分析

从这个例子可以很清楚地看出，Object.entries() 和 Object.fromEntries() 的效果是相反的。

可能小伙伴们会问："Object.fromEntries() 这个方法到底有什么用呢？"比如，下面的例子中有一个对象，如果想将该对象所有属性的值都乘以 3，此时可以使用 Object.fromEntries() 轻松实现。

▌ 举例

```
const obj1 = {
    a: 1,
    b: 2,
    c: 3
};
const arr = Object.entries(obj1).map(function (item) {
    let key = item[0];
    let value = item[1];
    return [key, value * 3];
})
const obj2 = Object.fromEntries(arr);
console.log(obj2);
```

控制台输出结果如下所示。

```
{ a: 3, b: 6, c: 9 }
```

▌ 分析

在这个例子中，Object.entries(obj1) 得到的是一个二维数组 [["a", 1], ["b", 2], ["c", 3]]。既然是数组，就可以使用 map() 方法来遍历。需要注意的是，这个二维数组的每一个元素又是一个数组。

由于最后需要得到一个对象，而 Object.entries(obj1).map() 得到的是一个数组，因此这时可以使用 Object.fromEntries() 很轻松地将这个**二维数组**转换为**对象**。

Object.fromEntries() 在实际开发中用得比较少，小伙伴们简单了解一下这一节的内容即可。

5.8 获取原型：Object.getPrototypeOf()

在 ES6 中，我们可以使用 Object.getPrototypeOf() 方法来获取某一个实例对象的原型。

▌ 语法

```
Object.getPrototypeOf(obj)
```

▌ 说明

Object.getPrototypeOf() 方法获取的是**实例对象**的原型，而不是**构造函数**的原型，这一点小伙伴们要牢记于心。

▌举例

```
function F(){}
const f = new F();
const result = Object.getPrototypeOf(f) === f.__proto__;
console.log(result);
```

控制台输出结果如下所示。

```
true
```

▌分析

在这个例子中，我们定义了一个构造函数 F()，然后使用 new F() 实例化了一个对象 f。F 是一个构造函数，而 f 是一个实例对象。

想要获取实例对象的原型，除了使用 ES6 中的 Object.getPrototypeOf()，还可以使用 ES5 中的 __proto__ 来实现。但是现在后者已被舍弃，建议小伙伴们不要继续使用它了。

▌举例

```
function F(){}
const f = new F();
const result = Object.getPrototypeOf(f) === F.prototype;
console.log(result);
```

控制台输出结果如下所示。

```
true
```

▌分析

我们应该知道，构造函数的 prototype 属性指向的就是原型对象。但是，prototype 属性只能用于构造函数，不能用于实例对象。如果想要获取实例对象的原型，就不能使用 xxx.prototype，而是应该使用 Object.getPrototypeOf(xxx) 来实现。

原型是 ES5 中极其重要的概念，也是 JavaScript 这门语言的核心。如果小伙伴们对其还不够了解，那就得先学习相关的基础知识再来学 ES6 了。

5.9 获取属性名：Object.getOwnPropertyNames()

在 ES6 中，我们可以使用 Object.getOwnPropertyNames() 方法来获取对象自身所有的属性名。

▌语法

```
Object.getOwnPropertyNames(obj)
```

▌说明

该方法接受一个对象作为参数，并且会返回一个数组。需要注意的是，该方法只会获取**对象自身的属性名**，并不会获取**原型链**的属性名。

▌ 举例

```
const person = {
    name: "Jack",
    age: 24
};
const arr = Object.getOwnPropertyNames(person);
console.log(arr);
```

控制台输出结果如下所示。

```
["name", "age"]
```

▌ 分析

Object.getOwnPropertyNames() 方法可以获取对象自身所有的属性名，接下来就可以使用数组的 forEach() 方法来遍历所有的属性。

▌ 举例

```
function ParentBox() {
    this.color = "red";
}
function ChildBox() {
    this.width = 20;
    this.height = 40;
}

ChildBox.prototype = new ParentBox();
const box = new ChildBox();
const arr = Object.getOwnPropertyNames(box);
console.log(box);
console.log(arr);
```

控制台输出结果如下所示。

```
ChildBox {width: 20, height: 40}
["width", "height"]
```

▌ 分析

ChildBox 继承于 ParentBox，所以 box 原型链上是有 color 这个属性的。但是使用 Object.getOwnPropertyNames() 方法只会获取自身的属性名，并不会获取原型链上的属性名。

getOwnPropertyNames()，也就是 "get own property names"，从字面意思上也可以很直观地看出，这个方法获取的是**自身**的属性名。

5.10 定义属性：Object.defineProperty()

5.10.1 语法简介

1. 点运算符

一般情况下，如果想为对象定义一个新属性，我们往往会通过**点运算符**或者**中括号**来实现。

▌ 举例：点运算符

```
const person = {};
person.name = "Jack";
console.log(person);
```

控制台输出结果如下所示。

```
{ name: "Jack" }
```

▌ 举例：中括号

```
const person = {};
person["name"] = "Jack";
console.log(person);
```

控制台输出结果如下所示。

```
{ name: "Jack" }
```

▌ 分析

点运算符和**中括号**这两种方式使用起来都比较简单，但是能力也有限。如果想为属性进行更多配置，比如是否允许修改、是否允许被遍历等，这两种方式就行不通了。

2. Object.defineProperty()

除了点运算符和中括号，我们还可以使用 Object.defineProperty() 方法来给对象定义一个新属性。Object.defineProperty() 是 ES5 中的方法，但是它和之后出现的 Proxy 高度相关，加之我们希望能给小伙伴们构建一个更完善的知识体系，所以我们决定在本书中对其进行介绍。

▌ 语法

```
Object.defineProperty(obj, key, desc)
```

▌ 说明

obj 是一个对象名，key 是一个键名（即属性名）。desc 是一个对象，用于对属性进行各种配置。

▌ 举例：Object.defineProperty()

```
const person = {};
Object.defineProperty(person, "name", {
    value: "Jack",
```

```
        writable: false
    });
    console.log(person);
```

控制台输出结果如下所示。

```
{ name: "Jack" }
```

▌ 分析

在这个例子中,我们使用 Object.defineProperty() 方法为 person 对象定义了一个 name 属性。value:"Jack" 表示 name 属性取值为 "Jack",writable:false 表示 name 属性的值不允许被修改。

如果我们尝试修改 name 属性的值,比如执行 person.name="Lucy";,会发现 console.log(person) 输出的依然是 { name: "Jack" },也就是说 name 属性的值无法被修改。

5.10.2 配置对象

我们都知道,Object.defineProperty() 的第 3 个参数是一个对象,用于对我们想定义的属性进行各种配置。这个配置对象的常用属性如表 5-3 所示,常用方法如表 5-4 所示。这些选项又被称为"描述符"。

表 5-3 配置对象的常用属性

属性	说明
configurable	是否允许被删除,默认为 false
enumerable	是否允许被遍历,默认为 false
value	属性的值,默认为 undefined
writable	是否允许被修改,默认为 false

表 5-4 配置对象的常用方法

方法	说明
get()	即 getter
set()	即 setter

1. configurable

在配置对象中,我们可以使用 configurable 来定义属性是否允许被删除。configurable 的默认值为 false,也就是不允许被删除。

▌ 举例

```
const person = {};
Object.defineProperty(person, "name", {
    value: "Jack",
});
delete person.name;
console.log(person);
```

控制台输出结果如下所示。

```
{ name: "Jack" }
```

▌分析

小伙伴们肯定会有这样一个疑问："默认情况下，我们是可以使用 delete 来删除对象属性的，为什么这里的 delete 没有生效呢？"

这是因为以往我们都是使用点运算符（.）来定义一个属性的，通过这种方式定义的属性，默认情况下可以直接使用 delete 操作符来删除，如下所示。

```
const person = {};
person.name = "Jack";
delete person.name;
console.log(person);                  // 控制台将输出 {}
```

但是在这个例子中，我们却是使用 Object.defineProperty() 方法来定义一个属性的。configurable 的默认值是 false，也就是不允许 delete 删除。如果想允许 delete 删除，就应该显式声明 configurable 的值为 true，如下所示。

```
const person = {};
Object.defineProperty(person, "name", {
    value: "Jack",
    configurable: true
});
delete person.name;
console.log(person);                  //控制台将输出 {}
```

2. enumerable

在配置对象中，我们可以使用 enumerable 来定义属性是否允许被遍历，也就是是否允许属性在 for..in 或 Object.keys() 中被枚举。其中 enumerable 属性的默认值为 false，也就是不允许被遍历。

▌举例

```
const person = {};
Object.defineProperty(person, "name", {
    value: "Jack",
    enumerable: true
});
Object.defineProperty(person, "age", {
    value: 24,
    enumerable: false
});

// for...in
for(let key in person) {
    console.log(key);
}

// Object.keys()
```

```
const keyArr = Object.keys(person);
console.log(keyArr);
```

控制台输出结果如下所示。

```
name
["name"]
```

▌ 分析

在这个例子中,我们使用 Object.defineProperty() 方法为 person 对象定义了 name 和 age 这两个属性,其中 name 属性允许被遍历,而 age 属性不允许被遍历。

3. writable

在配置对象中,我们可以使用 writable 来定义属性是否允许被重新赋值。writable 属性的默认值为 false,也就是不允许被重新赋值。

▌ 举例

```
const person = {};
Object.defineProperty(person, "name", {
    value: "Jack",
    writable: true
});
person.name = "Lucy";
console.log(person);
```

控制台输出结果如下所示。

```
{ name: "Lucy" }
```

▌ 分析

在这个例子中,我们使用 Object.defineProperty() 方法为 person 对象定义了一个 name 属性。由于 writable 的默认值为 false,如果要使 name 属性允许被重新赋值,就要显式声明 writable 的值为 true。

4. get() 和 set()

在配置对象中,get() 表示读取属性时会自动调用的函数,set() 表示写入属性时会自动调用的函数。

▌ 举例:改进前

```
const person = {
    _name: "Jack"
};
Object.defineProperty(person, "name", {
    get() {
        return this._name;
    },
    set(value) {
        this._name = value;
```

```
    }
});
console.log(person.name);
person.name = "Lucy";
console.log(person.name);
```

控制台输出结果如下所示。

```
Jack
Lucy
```

▌ 分析

在这个例子中，我们为 person 对象定义了一个私有属性 _name，私有属性命名一般以 "_" 开头。接下来，我们又使用 Object.defineProperty() 为 person 对象定义了一个 name 属性。

name 和 _name 这两个属性的值绑定在了一起，即 person.name = person._name。这样就实现了双向数据绑定。上面的实现方式并不是很"优雅"，让我们将其改进一下。

▌ 举例：改进后

```
function Person() {
    let _name = "Jack";
    Object.defineProperty(this, "name", {
        get() {
            return _name;
        },
        set(value) {
            _name = value;
        }
    });
}

const p = new Person();
console.log(p.name);
p.name = "Lucy";
console.log(p.name);
```

控制台输出结果如下所示。

```
Jack
Lucy
```

▌ 分析

从本质上来说，上面两种方式是没有什么区别的，但是后者更加"优雅"一些。使用 get() 和 set() 可以实现双向数据绑定，鼎鼎大名的 Vue.js 的 2.x 版本中的双向数据绑定就是使用 Object.defineProperty() 中的 get() 和 set() 来实现的，请看下面的例子。

▌ 举例：双向数据绑定

```
<!DOCTYPE html>
<html>
<head>
```

```html
        <meta charset="utf-8" />
        <title></title>
        <script>
            window.onload = function() {
                const oTxt = document.getElementById("txt");
                const oContent = document.getElementById("content");

                // 定义一个对象
                const obj = {};
                Object.defineProperty(obj, "text", {
                    get() { },
                    set(value) {
                        oTxt.value = value;
                        oContent.innerText = value;
                    }
                });

                // 文本框的keyup事件
                oTxt.addEventListener("keyup", function(e) {
                    obj.text = e.target.value;
                }, false);
            }
        </script>
    </head>
    <body>
        <input id="txt" type="text" />
        <p id="content"></p>
    </body>
</html>
```

默认情况下,浏览器效果如图 5-1 所示。当我们在文本框输入内容后,浏览器效果如图 5-2 所示。

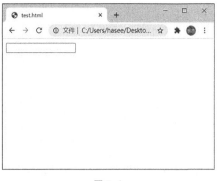

图 5-1

图 5-2

▌ 分析

这个例子实现了一个极简版的双向数据绑定。首先我们定义了一个 obj 对象,然后使用 Object.defineProperty() 方法为这个对象定义了一个 text 属性。从 set() 中可以看到,当我们给 obj.text 属性设置一个新值时,会同时改变 input 元素以及 p 元素的值。实际上,这里的 obj 就像一个中间代理。

本小节只是演示了一下双向数据绑定的原理,小伙伴们简单了解一下即可。Vue 2.x 是使用 Object.defineProperty() 来实现双向数据绑定的,但是 Vue 3.x 却使用了功能更为强大的 Proxy。对于 Proxy,我们会在后续章节详细介绍。

5.10.3 数据属性和访问器属性

在 JavaScript 中,对象的属性可以分为数据属性和访问器属性,两者的区别如下。

(1)数据属性。

数据属性包含数据值,它的值通过 value 和 writable 来进行配置。数据属性只能使用 configurable、enumerable、value、writable 这几种描述符。

(2)访问器属性。

访问器属性不包括数据值,它的值通过 get() 和 set() 来进行配置。访问器属性只能使用 configurable、enumerable、get()、set() 这几种描述符。

▼ 举例

```
const person = {
    _lastName: "Mo"
};

// 数据属性
Object.defineProperty(person, "firstName", {
    configurable: true,
    enumerable: true,
    value: "Jack",
    writable: true
});
// 访问器属性
Object.defineProperty(person, "lastName", {
    configurable: true,
    enumerable: true,
    get() {
        return this._lastName;
    },
    set(value) {
        this._lastName = value;
    }
});

console.log(person.firstName);
console.log(person.lastName);
```

控制台输出结果如下所示。

```
Jack
Mo
```

▌ 分析

在这个例子中,我们使用 Object.defineProperty() 方法为 person 对象定义了 firstName 和 lastName 这两个属性。firstName 是一个数据属性,而 lastName 是一个访问器属性。

此外我们要注意一点,数据属性的 value、writable 和访问器属性的 get()、set() 不能同时使用,否则就会报错。

▌ 举例:同时使用

```
const person = {};

// 数据属性
Object.defineProperty(person, "name", {
    configurable: true,
    enumerable: true,
    value: "Jack",
    writable: true,
    get() {},
    set() {}
});
console.log(person.name);
```

控制台输出结果如下所示。

(报错)Uncaught TypeError: Invalid property descriptor. Cannot both specify accessors and a value or writable attribute, #<Object>

▌ 分析

从控制台输出效果中可以看出,get()、set() 和 value、writable 是不能共存的,否则就会报错。之所以不能共存,是因为数据属性只能通过 value、writable 来配置属性值,而访问器属性只能通过 get()、set() 来配置属性值。

5.10.4 对比了解

让我们来深入了解一下点运算符(.)和 Object.defineProperty(),看看两者到底有什么区别。

▌ 举例

```
const person = {};
person.name = "Jack";

// 允许被重新赋值
person.name = "Lucy";

// 允许被遍历
for(let key in person) {
    console.log(key);
}
// 允许被删除
delete person.name;
console.log(person);
```

控制台输出结果如下所示。

```
name
{}
```

▶ **分析**

点运算符定义的属性，默认为允许被重新赋值、允许被遍历、允许被删除。也就是说，下面两种方式是等价的。

```
// 方式1
person.name = "Jack";

// 方式2
Object.defineProperty(person, "name", {
    configurable: true,
    enumerable: true,
    value: "Jack",
    writable: true
});
```

在这一节中，我们花了那么大的篇幅来介绍 Object.defineProperty()，那么它到底有什么用呢？实际上很多框架的源码都用到了这个方法，比如 Vue 中的数据劫持。这里给小伙伴们详细梳理了一遍这个方法的相关知识，相信小伙伴们再接触 Vue 的源码时，理解起来会变得非常轻松。

5.11 globalThis

在 ES6 之前，JavaScript 在不同环境中获取全局对象的方式是不同的。
- 浏览器环境：使用 window 获取。
- Node.js 环境：使用 global 获取。

在 ES6 中，不管是在浏览器环境，还是在 Node.js 环境，我们都可以使用 globalThis 来获取全局对象。

▶ **举例**

```
console.log(globalThis);
```

▶ **分析**

如果是在浏览器环境使用该方法，那么会输出一个 window 对象；如果是在 Node.js 环境使用该方法，则会输出一个 global 对象。

5.12 本章练习

1. 如果想要获取一个实例对象的原型，我们最好使用（　　）来实现。
   A.prototype   B.__proto__
   C.Object.getPrototypeOf()   D.Object.setPrototypeOf()

2. 下面有关 Object.assgin() 方法的说法中，正确的是（　　）。
   A.Object.assign() 可以深复制任意对象
   B.Object.assign() 只会改变第一个对象
   C.Object.assign() 只能合并两个对象
   D.Object.assign() 只可以用于对象，不可以用于数组

3. 下面有一段代码，其运行结果是（　　）。

```
const person = {
    name: "Jack",
    age: 24
};

const result = Object.assign({}, person);
result.name = "Lucy";
console.log(result.name);
console.log(person.name);
```

   A. Jack, Jack　　　　　　　　　B. Lucy, Jack
   C. Jack, Lucy　　　　　　　　　D. Lucy, Lucy

4. 下面有一段代码，其运行结果是（　　）。

```
const person = {
    name: {
        first: "Jack",
        last: "Mo"
    },
    age: 24
};

const result = Object.assign({}, person);
result.name.first = "Lucy";
console.log(result.name.first);
console.log(person.name.first);
```

   A. Jack, Jack　　　　　　　　　B. Lucy, Jack
   C. Jack, Lucy　　　　　　　　　D. Lucy, Lucy

5. 下面有一段代码，其运行结果是（　　）。

```
const box = {
    _color: "red"
};
Object.defineProperty(box, "color", {
    configurable: true,
    enumerable: true,
    value: "",
    get() {
        return this._color;
    }
});
console.log(box.color);
```

   A. red　　　　　　　　　　　　B. undefined
   C. 空字符串　　　　　　　　　　D. 报错

第 6 章 函数的扩展

6.1 函数的扩展简介

对于字符串、数组、对象来说，ES6 主要为它们新增了很多方法；而对于函数来说，ES6 并不是为其新增一些方法，而是扩展了一些新的语法。

在 ES6 中，函数的扩展主要包含以下 3 个方面。

- 箭头函数。
- 参数默认值。
- name 属性。

6.2 箭头函数

6.2.1 语法简介

在 ES6 中，我们可以使用 "=>" 这样的箭头来表示一个函数。箭头函数的写法比 function 的写法更加简单、直观。

箭头函数是 ES6 最为重要的特性之一，在实际的项目（比如 Vue、React 等）中，我们几乎总是使用箭头函数的语法，其用途可以说是极其广泛。因此，对于这一节的内容，我们要重点掌握。

▼ **举例：传统方式**

```
// 函数声明
function fn1 () {
    console.log("绿叶学习网");
}
fn1();
```

```
// 函数表达式
const fn2 = function () {
    console.log("绿叶学习网");
};
fn2();
```

控制台输出结果如下所示。

绿叶学习网
绿叶学习网

▌ **分析**

在 ES5 中，定义函数有两种方式：①函数声明；②函数表达式。这两个术语很常见，不了解的小伙伴要把它们记下来。

接下来，我们使用 ES6 的箭头函数来重写一下这个例子。这里需要特别注意一点，ES6 的箭头函数只能用于简化**函数表达式**，不能用于简化**函数声明**。

```
// ES5的写法
const fn = function () {
    console.log("绿叶学习网");
};

// ES6的写法
const fn = () => {
    console.log("绿叶学习网");
};
```

箭头函数的语法很简单，就是去掉 "function" 这个关键字，然后在 "()" 后面加上一个 "=>"。对，就这么简单。

箭头函数不能用来简化**函数声明**，浏览器会报错，小伙伴们可以自行测试一下下面的代码。

```
// 正确
function fn() {
    console.log("绿叶学习网");
}

// 错误
fn() => {
    console.log("绿叶学习网");
};
```

▌ **举例：参数个数**

```
// 0个参数
const fn1 = () => {
    console.log("绿叶学习网");
}
fn1();

// 1个参数
const fn2 = (a) => {
    console.log(`绿叶学习网:${a}`);
```

```
};
fn2("HTML");

// n个参数
const fn3 = (a, b, c) => {
    console.log(`绿叶学习网:${a}、${b}、${c}`);
};
fn3("HTML", "CSS", "JavaScript");
```

控制台输出结果如下所示。

```
绿叶学习网
绿叶学习网:HTML
绿叶学习网:HTML、CSS、JavaScript
```

▼ 分析

当函数参数个数为 0 个或 n 个时，箭头函数只有一种写法；但是当函数参数个数为 1 个时，其实有以下两种写法。

```
// 写法1：不省略括号
const fn = (a) => {
    console.log(`绿叶学习网:${a}`);
};

// 写法2：省略括号
const fn = a => {
    console.log(`绿叶学习网:${a}`);
};
```

在实际开发中，我们更加推荐写法 1，因为这样不管参数有多少个，我们的写法都是一致的，参数都会被一个"()"括起来。而且，这种写法可读性更强。但是，写法 2 我们也要了解，因为还是有不少开发者喜欢使用这种写法的，并且不少教程使用的也是这种写法。

6.2.2 深入了解

箭头函数不适用的场景如下所示。其中，箭头函数不能用于简化函数声明的情况，我们已经介绍过了，这里就不展开介绍了。

- 不能用于函数声明。
- 不能用于构造函数。
- 不能用于原型。

1. 不能用于构造函数

构造函数必须使用 function，而不能使用箭头函数。箭头函数是无法实现一个构造函数的。

▼ 举例：function 方式

```
const Person = function (name, age) {
    this.name = name;
    this.age = age;
```

```
};

const p = new Person("Jack", 24);
console.log(p.name);
```

控制台输出结果如下所示。

```
Jack
```

▌ 分析

在这个例子中,Person 是一个构造函数,它是由**函数表达式**定义的。接下来我们使用箭头函数来改写这个例子,看看效果又是怎样的。

▌ 举例:箭头函数方式

```
const Person = (name, age) => {
    this.name = name;
    this.age = age;
};

const p = new Person("Jack", 24);
console.log(p.name);
```

控制台输出结果如下所示。

(报错) `Uncaught TypeError: Person is not a constructor`

▌ 分析

如果使用箭头函数,此时是无法实现构造函数的,因此控制台会报错。

2. 不能用于原型

原型上的方法也只能使用 function 来定义,不能使用箭头函数定义。这是因为箭头函数本身没有 this,它的 this 继承于外层的 this。

▌ 举例: function 方式

```
function Person (name, age) {
    this.name = name;
    this.age = age;
}
Person.prototype.getName = function() {
    console.log(`姓名:${this.name}`);
};

const p = new Person("Jack", 24);
p.getName();
```

控制台输出结果如下所示。

```
姓名:Jack
```

▌ 分析

在这个例子中,我们定义了一个构造函数 Person(),其中方法是定义在 Person.prototype 上的，这样才能被每一个实例对象共享。

▼ 举例：箭头函数

```
function Person (name, age) {
    this.name = name;
    this.age = age;
}
Person.prototype.getName = () => {
    console.log(`姓名：${this.name}`);
};

const p = new Person("Jack", 24);
p.getName();
```

控制台输出结果如下所示。

姓名：

▼ 分析

箭头函数自身是没有 this 的，它的 this 继承于上一级的 this。在这个例子中，箭头函数内部的 this 指向的是 window，而不是实例对象，所以无法输出我们预期的值。

6.2.3 应用场景

学了那么多，那么箭头函数究竟有什么用呢？在 ES6 中，箭头函数的重要作用有以下两个。

- 简化代码。
- 解决 this 指向不正确的问题。

1. 简化代码

在 ES6 中，箭头函数不仅可以简写**函数表达式**，而且更多地用于简写**回调函数**。几乎所有回调函数都可以采用箭头函数的语法。

▼ 举例：ES5

```
var arr 0= ["red", "green", "blue"];
arr.forEach(function (value) {
    console.log(value);
});
```

控制台输出结果如下所示。

```
red
green
blue
```

▼ 举例：ES6

```
const arr = ["red", "green", "blue"];
arr.forEach( (value) => {
    console.log(value);
});
```

控制台输出结果如下所示。

```
red
green
blue
```

▌分析

在实际开发中，我们建议凡是回调函数，都采用箭头函数的语法。现在绝大多数项目都是这样做的。

还有一种常见的场景，就是回调函数仅仅返回一个值或仅仅返回一个对象，而没有其他多余的语句，这时箭头函数还有一种特殊的写法，请看下面两个例子。

▌举例：返回一个值

```
const getResult = (n) => {
    return n > 10;
};
console.log(getResult(20));
```

控制台输出结果如下所示。

```
true
```

▌分析

当箭头函数只返回一个值或一个表达式时，我们可以把 return 语句省略，也就是说，下面两种写法是等价的。

```
// 写法1
const getResult = (n) => {
    return n > 10;
};
// 写法2
const getResult = (n) => (n > 10);
```

对于写法 2，n>10 外面的括号可加可不加，但是一般情况下建议加上，这样可读性会更强一些。

▌举例：返回一个对象

```
const getSize = () => {
    return { width: 100, height: 100 };
};
console.log(getSize());
```

控制台输出结果如下所示。

```
{ width: 100, height: 100 }
```

▌分析

当箭头函数只返回一个对象时，我们可以把 return 语句省略，也就是说，下面两种写法是等价的。

```
// 写法1
const getSize = () => {
    return { width: 100, height: 100 };
};
// 写法2
const getSize = () => ({ width: 100, height: 100 });
```

对于写法2，我们要注意，此时对象外面必须加上一个"()"。下面的写法就是错误的。

```
const getSize = () => { width: 100, height: 100 };
```

上面讲到的省略 return 的写法是一种"优雅"的写法，在实际项目中的应用也非常广泛，小伙伴们要认真掌握。可能有小伙伴会说："我就不喜欢用这种方式，我喜欢用有 return 的完整写法。"这当然没有问题，但是了解这种写法后，当我们看别人的代码时，至少能看懂别人代码的意思。

2. 解决 this 指向不正确的问题

在 ES5 中，this 的指向往往"飘忽不定"，这让很多初学者特别头疼。我们先来看一个很常见的例子。

▼ **举例**：ES5 的 this

```
window.a = "window";
var obj = {
    a: "obj",
    fn: function () {
        setTimeout(function () {
            console.log(this.a);
        })
    }
};
obj.fn();
```

控制台输出结果如下所示。

```
window
```

▼ **分析**

setTimeout() 和 setInterval() 内部回调函数中的 this 是指向 window 对象的，这是 ES5 中比较怪异的地方。

但是在这个例子中我们其实希望 setTimeout() 内部的 this 指向 obj。对此，传统的解决方法是将 this 保存给另一个变量 that，再使用 that 来代替 this。

▼ **举例**：ES5 的传统方式

```
window.a = "window";
var obj = {
    a: "obj",
    fn: function () {
```

```
        const that = this;
        setTimeout(function () {
            console.log(that.a);
        })
    }
};
obj.fn();
```

控制台输出结果如下所示。

```
obj
```

▌分析

在这个例子中，that 仅仅是一个变量名而已，它的作用就是保存 this 的指向。当然，我们也可以将这个变量取名为 self 或 a。

在 ES6 中，我们还可以用更为简单的方法实现正确指向，那就是使用箭头函数，请看下面的例子。

▌举例：ES6 的箭头函数

```
window.a = "window";
let obj = {
    a: "obj",
    fn: function () {
        setTimeout(() => {
            console.log(this.a);
        })
    }
};
obj.fn();
```

控制台输出结果如下所示。

```
obj
```

▌分析

说实话，this 的指向是非常复杂的，如果想要详细讲解，甚至需要用一整章才能讲完。本书主要介绍其中与 ES6 相关的内容，不过建议小伙伴们认真把 ES5 中 this 的各种情况搞清楚，再结合这一节的内容来理解箭头函数中的 this。

另外，既然我们已经学过箭头函数，那么在后续的章节中，我们将全部使用箭头函数的语法。

6.3 参数默认值

6.3.1 语法简介

在 ES5 中，如果要给函数参数定义一个默认值，我们一般会使用"||"（或运算）来实现。

▌举例：ES5 的写法

```
function Ball(radius, color) {
    this.radius = radius || 10;
    this.color = color || "red";
}

const b1 = new Ball();
console.log(b1.color);

const b2 = new Ball(20, "green");
console.log(b2.color);
```

控制台输出结果如下所示。

```
red
green
```

▌分析

在这个例子中，我们定义了一个构造函数 Ball()。Ball() 有 radius 和 color 这两个参数，radius 的默认值是 10，color 的默认值是 "red"。对于这两个参数，如果我们在实例化对象的时候没有传入值，那么会输出默认值。

▌举例：ES6 的写法

```
function Ball(radius = 10, color = "red") {
    this.radius = radius;
    this.color = color;
}

const b1 = new Ball();
console.log(b1.color);

const b2 = new Ball(20, "green");
console.log(b2.color);
```

控制台输出结果如下所示。

```
red
green
```

▌分析

ES6 给函数参数定义默认值的方式，是直接给形参赋一个值，这种写法更加直观、明了。

6.3.2 深入了解

对于 ES6 定义参数默认值的语法，需要特别注意以下两点。

- 如果已为某个参数定义了默认值，那么这个参数就不能使用 let 或 const 再次声明。
- 如果一个函数的部分参数有默认值，部分参数没有默认值，那么有默认值的参数应该放在后面。

▌ 举例

```
function Ball(radius = 10, color = "red") {
    let radius = 20;
    let color = "green";
    this.radius = radius;
    this.color = color;
}

const ball = new Ball();
console.log(ball.color);
```

控制台输出结果如下所示。

（报错）Uncaught SyntaxError: Identifier 'radius' has already been declared

▌ 分析

如果已为某个参数定义了默认值，那么在函数内部再次使用 let 或 const 来声明该参数，程序就会报错。

▌ 举例

```
function Ball(radius, color = "red", border = 1) {
    this.radius = radius;
    this.color = color;
    this.border = border;
}

const ball1 = new Ball(20);
console.log(ball1.color);

const ball2 = new Ball(20, "green", 2);
console.log(ball2.color);
```

控制台输出结果如下所示。

```
red
green
```

▌ 分析

将一个函数有默认值的参数放在后面，这是一个语法约定。

6.4 name 属性

在 ES6 中，我们可以使用 name 属性来获取一个函数的名字。

▌ 语法

```
fn.name
```

▌ 说明

使用 fn.name 返回的是一个字符串，该字符串就是函数的名字。

▌举例

```
// 函数声明
function foo() {
    console.log("绿叶学习网");
}
console.log(foo.name);

// 函数表达式
const bar = () => {
    console.log("绿叶学习网");
}
console.log(bar.name);
```

控制台输出结果如下所示。

```
foo
bar
```

▌分析

可能小伙伴们会问："foo 不是函数的名字吗？我们直接使用 console.log(foo) 不就可以了吗？为什么还要用 foo.name 呢？"这是因为 foo 是一个变量，它指向的是整个函数，如果我们使用 console.log(foo)，输出的就是如图 6-1 所示的结果了。

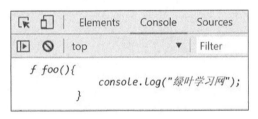

图 6-1

所以如果你想获取函数的名字，正确的做法应该是使用 foo.name，而不是直接使用 foo。实际上，不管是函数声明还是函数表达式，我们都可以使用这种方式来获取函数名。

6.5 本章练习

一、单选题

1. 下面有关箭头函数的说法中，正确的是（　　）。
   A. 箭头函数不仅可以用于函数表达式，还可以用于函数声明
   B. 箭头函数可以用于实现一个构造函数
   C. 箭头函数不能用于实现一个原型方法
   D. 箭头函数的 this 指向 window

2. 下面有关函数参数默认值的说法中，不正确的是（　　）。
   A.ES6 是直接为形参赋值，从而为参数定义默认值

B. 如果已为函数的一个参数定义了默认值，那么该参数就不能使用 let 或 const 再次声明

C. 有默认值的参数需要放在没有默认值的参数的后面

D. ES5 是无法为参数定义默认值的

3. 下面有一段代码，其运行结果是（   ）。

```
window.a = "绿叶学习网";
let obj = {
    a: "obj",
    fn: () => {
        setTimeout(() => {
            console.log(this.a);
        })
    }
}
obj.fn();
```

A. 绿叶学习网　　　　　　　　　B. undefined

C. obj　　　　　　　　　　　　　D. 报错

二、问答题

下面有一段 ES5 的代码，请使用 ES6 的箭头函数来改写。

```
var result = arr.map(function(item){
    return item * 2;
});
```

第 7 章 解构赋值

7.1 解构赋值简介

在正式介绍解构赋值之前,我们先来看几个简单的例子,感性地认识一下解构赋值到底是什么。

▎ **举例:传统方式**

```
const person = {
    name: "Jack",
    gender: "male",
    age: 24
}
console.log(person.name);
console.log(person.gender);
console.log(person.age);
```

控制台输出结果如下所示。

```
Jack
male
24
```

▎ **分析**

在 ES5 中,如果想要获取对象的某个属性的值,我们会使用 obj.attr 的方式来获取。接下来我们再来看一下 ES6 中的解构赋值是怎样的。

▎ **举例:解构赋值**

```
const person = {
    name: "Jack",
    gender: "male",
```

```
        age: 24
}

const { name, gender, age} = person;
console.log(name);
console.log(gender);
console.log(age);
```

控制台输出结果如下所示。

```
Jack
male
24
```

▼ 分析

解构赋值其实非常简单，就是对**对象**进行结构拆解，从而获取它的属性值。既然获取了对象的属性值，我们接着就可以把这些对象属性值赋给左边对应的变量。

解构赋值本质上说就是一种匹配模式。只要等号两边的模式相同，就可以将右边的值赋给左边对应的变量。在 ES6 中，常见的解构赋值有以下 3 种。

- 对象的解构赋值。
- 数组的解构赋值。
- 字符串的解构赋值。

其中，对象的解构赋值是最重要的，也是最常用的。接下来我们先来介绍对象的解构赋值，再介绍其他解构赋值。

7.2 对象的解构赋值

7.2.1 语法简介

对于对象的解构赋值，只要等号左边与等号右边的模式相同，就可以**将等号右边的值赋给等号左边的变量**。所谓的"模式相同"，指的是变量名相同且变量的个数相同。

▼ 举例：模式相同

```
const obj = { a: 1, b: 2, c: 3 };
const { a, b, c } = obj;
const sum = a + b + c;
console.log(sum);
```

控制台输出结果如下所示。

```
6
```

▼ 分析

在这个例子中，等号左右两边的模式是相同的，因为左边和右边都有 a、b、c，此时右边对象属性的值会被赋给左边对应的变量。接下来，我们就可以直接使用 a、b、c，而不需要使用 obj.a、obj.b、obj.c 了。

解构赋值这个词其实很好理解，也就是先解构，后赋值。对象的解构赋值，其实就是抽取等号右边对象的属性（解构），然后将属性的值赋给等号左边具有相同名称的变量（赋值）。

▼ 举例：模式不同

```
const obj = { a: 1, b: 2, c: 3 };
const { e, f, g } = obj;
console.log(e);
console.log(f);
console.log(g);
```

控制台输出结果如下所示。

```
undefined
undefined
undefined
```

▼ 分析

如果等号左右两边的模式不同，那么程序是无法进行正确的解构赋值的，因此这里的 e、f、g 都是 undefined。

▼ 举例：模式不同

```
const person = {
    name: "Jack",
    age: 24
};
const { name, gender } = person;
console.log(name);
console.log(gender);
```

控制台输出结果如下所示。

```
Jack
undefined
```

▼ 分析

使用解构赋值时，如果指定的局部变量名在对象中不存在，那么这个局部变量就会被赋值为 undefined，比如上面这个例子中的 gender。

实际上，解构赋值最大的好处，就是可以简化我们的代码，比如本来要使用 obj.a 的，现在使用 a 即可。

7.2.2 深入了解

很多书在介绍 ES6 时，大多是浅尝辄止或者一笔带过，但是我们不会这样做。接下来让我们深入了解一下解构赋值的本质及一些相关的开发技巧。

1. 语法本质

下面的例子，小伙伴们很快就能看懂，这是对象的解构赋值。但是小伙伴们有没有思考过以下问题？

- 等号左边的 { name, age } 是一个对象吗？如果是对象，为什么它与我们平常看到的对象不一样呢？
- 为什么等号左边这样写，就能成功对等号右边的对象进行解构赋值呢？其根本原因是什么？

▶ 举例

```
const { name, age } = { name: "Jack", age: 24 };
console.log(name);
console.log(age);
```

控制台输出结果如下所示。

```
Jack
24
```

▶ 分析

等号左边的 {name, age} 是一种简写形式，它其实等价于 {name: name, age: age}，我们在"5.2 简写语法"这一节中曾经介绍过。实际上，下面两种方式是等价的。

```
// 方式1
const { name, age } = { name: "Jack", age: 24 };
// 方式2
const { name: name, age: age } = { name: "Jack", age: 24 };
```

现在大家应该都清楚了吧？所谓的等号左右两边模式相同，实际上就像方式 2 所显示的那样，等号左右两边是一一对应的。方式 1 只是方式 2 的简写形式而已。

▶ 举例

```
const { name: userName, age: userAge } = { name: "Jack", age: 24 };
console.log(userName);
console.log(userAge);
```

控制台输出结果如下所示。

```
Jack
24
```

▶ 分析

如果此时使用 console.log() 输出 name 和 age，控制台就会报错。至于为什么如此，图 7-1 会给我们答案。

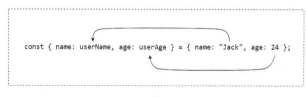

图 7-1

实际上，对象解构赋值的本质是先找到等号左右两边相同的属性名（key），然后再将右边的值（value）赋给左边的变量名。真正被赋值的是 value，而不是 key。

2. 开发技巧

接下来，我们再介绍 4 个非常有用的开发技巧。

- 指定别名。
- 部分解构。
- 嵌套解构。
- 解构方法。

▌ **举例：指定别名**

```
function fn(user) {
    const { name: userName, age: userAge } = user;
    console.log(`${userName}, ${userAge}`);
}

const name = "Jack";
const age = 24;
fn({ name, age });
```

控制台输出结果如下所示。

```
Jack, 24
```

▌ **分析**

我们应该知道，fn({ name, age }) 是 fn({name: name, age: age}) 的简写。此外，对于这个例子，下面两种方式是等价的。

```
// 方式1
const { name: userName, age: userAge } = user;

// 方式2
const { name, age } = user;
const userName = name;
const userAge = age;
```

如果你希望在对象解构赋值的同时，为变量指定一个别名，也就是使用一个不同的变量名，就可以使用上面这种语法。当然了，你可以为所有变量指定新的名称，也可以为部分变量指定新的名称。

```
// 所有变量
const { name: userName, age: userAge } = user;
console.log(`${userName}, ${userAge}`);

// 部分变量
const { name: userName, age } = user;
console.log(`${userName}, ${age}`);
```

▌ **举例：部分解构**

```
function fn(user) {
    const { name } = user;
```

```
    console.log(`用户名：${name}`);
}

const name = "Jack";
const age = 24;
fn({ name, age });
```

控制台输出结果如下所示。

用户名：Jack

▌ 分析

由于我们只需要用到 name 这一个变量，因此这里的 const { name } = user; 其实使用了部分解构的语法。在实际开发中，大多数时候我们都只会用到对象的某几个属性，所以这个技巧是非常有用的。

▌ 举例：嵌套解构

```
function fn(user) {
    const { name: { firstName, lastName }, age } = user;
    console.log(`姓：${lastName}`);
    console.log(`名：${firstName}`);
}

const user = {
    name: {
        firstName: "Jack",
        lastName: "Mo"
    },
    age: 24
};
fn(user);
```

控制台输出结果如下所示。

姓：Mo
名：Jack

▌ 分析

`const { name: { firstName, lastName }, age } = user;`

这句代码其实使用了嵌套解构。虽然这种方式用得不多，不过我们还是要了解一下。

▌ 举例：解构方法

```
const { max, min } = Math;
console.log(max(1, 2, 3));
console.log(min(1, 2, 3));
```

控制台输出结果如下所示。

3
1

▌ 分析

对象的方法本质上就是对象的属性，只不过这个属性的值是一个函数而已。如果一个对象有很多方法，我们只需要用到其中几个的话，就可以像上面的例子这样进行解构赋值。

上面这个例子等价于下面的代码。

```
console.log(Math.max(1, 2, 3));
console.log(Math.min(1, 2, 3));
```

解构赋值其实是非常简单的，小伙伴们不要把它想得太复杂了。ES6 推出解构赋值这个新特性，很大程度上就是为了**简化代码**。

在实际开发中，特别是在 Vue、React 等项目中，对象的解构赋值运用得非常广泛，我们应该重点掌握。实际上，我们除了可以对**对象**进行解构赋值，还可以对**数组**和**字符串**进行解构赋值，之后会详细介绍。

7.2.3 应用场景

对象的解构赋值，在实际开发中十分常用，其中一个应用场景就是函数参数是一个对象，需要对其进行解构赋值。

▌ 举例：函数参数是一个对象

```
function fn(user) {
    const { name, gender, age } = user;
    console.log(`${name}, ${gender}, ${age}`);
}

const name = "Jack";
const gender = "male";
const age = 24;
fn({ name, gender, age });
```

控制台输出结果如下所示。

```
Jack, male, 24
```

▌ 分析

在这个例子中，我们定义了一个函数 fn()。fn() 接收一个对象作为参数。在 fn() 的内部，我们使用解构赋值的方式获取 name、gender、age 这 3 个值。

由于 fn() 的参数是一个对象，而对象的属性是不区分顺序的，所以我们不需要关心 name、gender、age 这三者的顺序。也就是说，最后一行代码写成下面几种形式都没有问题，小伙伴们可以自己试一下。

```
fn({name, gender, age});
fn({age, name, gender});
fn({age, gender, name});
```

如果函数不使用**对象**作为参数，而是采用**列表**的方式来传递参数，又会怎样呢？我们来看一个例子。

▌ 举例：函数参数是一个列表

```
function fn(name, gender, age) {
    console.log(`${name}, ${gender}, ${age}`);
}
const name = "Jack";
const gender = "male";
const age = 24;
fn(age, name, gender);
```

控制台输出结果如下所示。

```
24, Jack, male
```

▌ 分析

如果函数参数是一个**列表**，我们在给函数传递参数时，就必须把每一个参数写在正确的位置上。如果参数的位置不正确，那么在函数内部得到的值就是不正确的。

当函数参数非常多时，使用列表的方式来传递参数就非常麻烦了，因为每次调用函数，我们都要一个个地核对参数位置。但是使用对象的方式却非常简单，小伙伴们对比一下就清楚了。

7.3 数组的解构赋值

7.3.1 语法简介

在数组的解构赋值中，只要等号左边与等号右边的模式相同，就可以将等号**右边的值**赋给等号**左边的变量**。

数组解构赋值和对象解构赋值非常相似，两者都可以进行这些操作：完全解构、部分解构、嵌套解构。建议小伙伴多多对比一下两者，这样更容易理解和记忆。

▌ 举例：完全解构

```
const [a, b, c] = [1, 2, 3];
const result = a + b + c;
console.log(result);
```

控制台输出结果如下所示。

```
6
```

▌ 分析

上面这个例子是数组解构赋值最简单的例子。细心的小伙伴可能会发现，通过这种方式其实可以快速定义多个变量。

```
// ES5的方式
var a = 1;
var b = 2;
var c = 3;

// ES6的方式
const [a, b, c] = [1, 2, 3];
```

▌ 举例：部分解构

```
const [a, b] = [1, 2, 3];
console.log(a);
console.log(b);
```

控制台输出结果如下所示。

```
1
2
```

▌ 举例：嵌套解构

```
const [a, b, [c, d]] = [1, 2, ["HTML", "CSS"]];
console.log(c);
console.log(d);
```

控制台输出结果如下所示。

```
HTML
CSS
```

▌ 分析

总而言之，只要等号左右两边模式相同，不管是对象还是数组，都可以正确地解构赋值。

7.3.2 深入了解

数组的解构赋值其实比对象的解构赋值稍微复杂一点。现在让我们来学习以下两个方面的内容。

- 默认值。
- 连续逗号。

1. 默认值

如果数组未能完全解构，等号左边匹配不成功的变量的值将为 undefined。为了避免这种情况出现，我们可以给左边的变量定义一个默认值。

▌ 举例

```
let [a, b, c = 3] = [1, 2];
console.log(a, b, c);
```

控制台输出结果如下所示。

```
1 2 3
```

2. 连续逗号

在数组解构赋值中，等式左边的变量列表可以用**连续逗号**来跳过右边部分对应的值，从而快速地获取右边的某个或某些值。

▌ 举例

```
const [,,c] = [1, 2, 3];
console.log(c);
```

控制台输出结果如下所示。

```
3
```

▌ 分析

在这个例子中，我们只想获取右边数组中的第 3 个元素。在这种情况下，使用下面这种方式就有点多余了，因为这样就定义了 a 和 b 这两个用不上的变量。

```
const [a, b, c] = [1, 2, 3];
console.log(c);
```

7.3.3 应用场景

在实际开发中，数组的解构赋值主要可以用于以下两个场景。
- 交换数值。
- 函数返回值。

1. 交换数值

在 ES6 之前，如果想要交换两个变量的值，我们会使用一个中间变量来实现。

▌ 举例：ES5 方式

```
var a = "HTML";
var b = "CSS";
var temp;
temp = a;
a = b;
b = temp;
console.log(a, b);
```

控制台输出结果如下所示。

```
CSS    HTML
```

▌ 分析

但是通过 ES6 中的数组解构赋值，一行代码就可以帮我们实现两个变量值的交换，请看下面的例子。

▌ 举例：ES6 方式

```
let a = "HTML";
```

```
let b = "CSS";
[a, b] = [b, a];              // 关键代码
console.log(a, b);
```

控制台输出结果如下所示。

```
CSS   HTML
```

▌ 分析

在排序算法中，交换两个值是非常常见的一个操作，此时使用 ES6 中的数组解构赋值就很方便。

2. 函数返回值

如果想要在一个函数内返回多个值，比较好的做法是返回一个数组，然后对数组进行解构赋值，获取每一个值。

▌ 举例

```
function getSize(width, height, depth) {
    let area = width * height;
    let volume = width * height * depth;
    return [area, volume];
}
let [area, volume] = getSize(30, 40, 10);
console.log(`面积:${area}`);
console.log(`体积:${volume}`);
```

控制台输出结果如下所示。

```
面积:1200
体积:12000
```

7.3.4 总结

在实际开发中，对象和数组的解构赋值应用得最为广泛。其使用要点可以总结为以下 4 点。

- 解构赋值分为两步：先解构，后赋值。
- 解构赋值最大的作用是从对象或数组中快速检索值，大大简化代码。
- 对象解构赋值，通过属性名来指定值；数组解构赋值，通过索引值来指定值。
- 对象和数组的解构赋值都可以进行这些操作：完全解构、部分解构、嵌套解构。

7.4 字符串

我们已经知道，字符串其实是一个**类数组**。因此我们也可以对字符串进行解构赋值。

▌ 举例

```
let [a, b, c, d, e] = "绿叶学习网";
```

```
console.log(a);
```

控制台输出结果如下所示。

绿

▶ 分析

既然字符串是一个**类数组**，我们也可以使用数组解构赋值的其他功能，比如默认值、连续逗号等。

不过在实际开发中，我们很少对字符串进行解构赋值，所以小伙伴们简单了解一下这方面的知识即可，就当扩展一下知识面。

7.5 本章练习

一、单选题

1. 下面有一段代码，其运行结果是（　　）。
```
const obj = { a: 1, b: 2};
const { a, c } = obj;
console.log(a);
console.log(c);
```
  A. 1, undefined   B. 1, null
  C. 2, undefined   D. 报错

2. 下面有一段代码，其运行结果是（　　）。
```
function fn(box) {
    const { color: boxColor } = box;
    console.log(color);
    console.log(boxColor);
}
fn({ width: 20, color: "red" });
```
  A. "red","red"   B.undefined, "red"
  C. "","red"   D. 报错

二、编程题

1. 下面有一段代码，请使用 ES6 中解构赋值的语法来改写它。
```
function getMsg(book) {
    const bookName = book.name;
    const bookPrice = book.price;
    console.log(`书名:${bookName}, 价格:${bookPrice}`);
}

const book = {
    name: "ES6快速上手",
    chapter: 15,
    page: 300,
    price: 59
```

```
}
getMsg(book);
```

2. 下面有一段代码，请使用 ES6 中解构赋值的语法来改写它。

```
let customer = {
    name: {
        first: "Jack",
        last: "Mo"
    },
    number: "13200000000",
    address: {
        province: "Guangdong",
        city: "Guangzhou",
        zipcode: "510000"
    }
}
let firstName = customer.name.first;
let number = customer.number;
let province = customer.address.province;
let city = customer.address.city;
let zipcode = customer.address.zipcode;
```

第 8 章 新增运算符

8.1 展开运算符

ES6 中新增了 3 种运算符，分别是展开运算符、剩余运算符和求幂运算符。这一节我们先来介绍展开运算符。

8.1.1 语法简介

在 ES6 中，我们可以使用展开运算符来将一个数组或一个对象展开。将数组展开之后，我们得到的是数组的**元素列表**。将对象展开之后，我们得到的是对象的**键值对列表**。

展开运算符，又叫作"扩展运算符"或者"spread 运算符"，小伙伴们要知道它们指的是同一个东西。

▼ 语法

```
// 数组
[...arr]

// 对象
{...obj}
```

▼ 说明

展开运算符用"..."（3 个英文点号）来表示，它一般只能用于对象和数组。

▼ 举例

```
const arr = [1, 2, 3];
const obj = {
    name: "Jack",
    age: 24
```

```
}
console.log(...arr);
console.log(...obj);
```

控制台输出结果如图 8-1 所示。

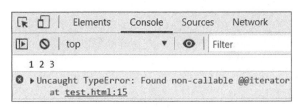

图 8-1

▌ 分析

从控制台输出的结果中可以看出，使用 "...arr" 得到的是数组中的所有元素，但是为什么使用 "...obj" 就报错了呢？

首先我们应该知道，"...arr" 得到的是 1,2,3，而 "...obj" 得到的是 name:"Jack", age:24。因此，console.log(...arr) 其实等价于 console.log(1, 2, 3)，console.log(..obj) 则等价于 console.log(name:"Jack", age:24)。但是 console.log(name:"Jack", age:24) 是不符合 console.log() 语法的，所以这里报错了。虽然这里报错了，但是这并不代表 "...obj" 没有生效。

我们一定要注意，使用 "...arr" 和 "...obj" 得到的结果是一堆特殊的数据，也就是使用逗号隔开的数据列表。但它并不属于任何一种 JavaScript 数据结构，这一点小伙伴们要非常清楚。

8.1.2 深入了解

展开运算符实现的是浅复制，而不是深复制。对于浅复制和深复制之间的区别，我们在 "5.3 判断相等：Object.is()" 这一节已经详细介绍过了。

▌ 举例：浅复制

```
const obj1 = {
    name: {
        first: "Jack",
        last: "Mo"
    },
    age: 24
};

const obj2 = {...obj1};
obj2.name.first = "Lucy";
console.log(obj1.name.first);
console.log(obj2.name.first);
```

控制台输出结果如下所示。

```
Lucy
Lucy
```

▼ 分析

从输出结果中可以看出，给 obj2.name.first 赋一个新值会影响到 ojb1.name.first。也就是说，obj2.name.first 存放的其实是 obj1.name.first 的引用。数组的浅复制也有这样的特点，小伙伴们可以自行试一下。

```
const arr1 = [1, 2, 3, 4, 5];           // 可以深复制
const arr2 = [1, 2, 3,[4, 5]];          // 不可以深复制
```

8.1.3 应用场景

可能小伙伴们会问："使用展开运算符来将数组或对象展开，有什么实际用途呢？"它的作用可就大了！在 ES6 中，展开运算符主要有以下 5 方面作用。

- 合并数组。
- 合并对象。
- 将类数组转换为数组。
- Math.max() 和 Math.min()。
- 往数组中添加元素。

▼ 举例：合并数组

```
const arr1 = [1, 2, 3];
const arr2 = [4, 5, 6];
const result = [...arr1, ...arr2];
console.log(result);
```

控制台输出结果如下所示。

```
[1, 2, 3, 4, 5, 6];
```

▼ 分析

...arr1 得到的是"1,2,3"，...arr2 得到的是"4,5,6"，所以 result 就是 [1,2,3,4,5,6]。

▼ 举例：合并对象

```
const obj1 = {
    width: 10,
    height: 20
};
const obj2 = {
    color: "red"
}
const result = {...obj1, ...obj2};
console.log(result);
```

控制台输出结果如下所示。

```
{ width: 10, height: 20, color: "red" }
```

▼ 分析

合并对象和合并数组的实现方式是一样的。

▼ 举例：将类数组转换为数组

```
function fn() {
    const args = [...arguments];
    console.log(arguments);
    console.log(args);
}
fn(1, 2, 3);
```

控制台输出结果如下所示。

```
Arguments(3) [1, 2, 3, callee: ƒ, Symbol(Symbol.iterator): ƒ]
[1, 2, 3]
```

▼ 分析

函数的 arguments 是一个类数组，这里我们使用展开运算符将其转换成了一个真正的数组。

▼ 举例：Math.max() 和 Math.min()

```
const arr = [1, 2, 3, 4, 5];
const max = Math.max(...arr);
const min = Math.min(...arr);

console.log(max);
console.log(min);
```

控制台输出结果如下所示。

```
5
1
```

▼ 分析

Math.max() 和 Math.min() 的语法如下所示，它们都是接收一个列表作为参数。刚好我们可以使用展开运算符来获取类似于 "a, b, c" 的列表。

```
Math.max(a, b, c)
Math.min(a, b, c)
```

▼ 举例：往数组中添加元素

```
const arr = ["HTML", "CSS", "JavaScript"];

const result1 = ["ES6", ...arr];
const result2 = [...arr, "ES6"];
console.log(result1);
console.log(result2);
```

控制台输出结果如下所示。

```
["ES6", "HTML", "CSS", "JavaScript"]
```

```
["HTML", "CSS", "JavaScript", "ES6"]
```

▎ **分析**

如果我们想往数组开头添加元素，我们可以使用 unshift() 方法；如果我们想往数组末尾添加元素，我们可以使用 push() 方法。当然，我们还可以像上面的例子中这样，巧妙地使用展开运算符来实现。

展开运算符的原理其实非常简单，就是"拆解"对象和数组，然后再"组装"到其他地方。

8.2 剩余运算符

在 ES6 中，剩余运算符和展开运算符一样，也用"..."（3 个英文点号）来表示，但是两者的作用却是相反的。

- 展开运算符：将对象或数组转化为"以逗号隔开的值列表"。
- 剩余运算符：将"以逗号隔开的值列表"转化为对象或数组。

剩余运算符又叫作"rest 运算符"。在 ES6 中，剩余运算符主要有以下两个作用。

- 解构赋值。
- 处理 arguments。

8.2.1 解构赋值

在进行解构赋值时，如果只想将**对象的一部分**或**数组的一部分**赋值给一个变量，可以使用剩余运算符来实现。

▎ **举例：对象**

```
const person = {
    name: "Jack",
    age: 24,
    gender: "male"
};

const { age, ...msg } = person;
console.log(msg);
```

控制台输出结果如下所示。

```
{ name: "Jack", gender: "male" }
```

▎ **分析**

对象的属性是无序的，我们把需要剔除的对象属性放在前面，再使用剩余运算符，得到的就是剩余的属性。

如果不需要剔除任何属性，我们可以像下面这样写。

```
const {...msg} = person;
```

▌ 举例：数组

```
const arr = ["red", "green", "blue"];
const [arg1, ...arg2] = arr;
console.log(arg1);
console.log(arg2);
```

控制台输出结果如下所示。

```
red
["green", "blue"]
```

▌ 分析

在这个例子中，arr 经过解构之后，将第 1 个元素 "red" 赋值给 arg1，然后使用剩余运算符将剩余元素赋值给 arg2。需要注意的是，arg2 是一个数组。

可能小伙伴们会对这个过程感到困惑，其实我们根据结果逆推就很容易理解。首先，arg1 是 "red"，arg2 是 ["green", "blue"]；然后，我们把 arg1 和 arg2 代入 [arg1, ...arg2]，刚好得到 ["red", "green", "blue"]。

如果不需要剔除数组中的任何元素，我们可以像下面这样写。

```
const [...arg] = arr;
```

此外要注意一点，由于剩余运算符是用来接收剩余元素的，因此它必须放在等号左边数组最后的位置上，而不能放在前面。

8.2.2 处理 arguments

我们都知道，函数的参数是一个使用逗号隔开的值列表，我们可以使用剩余运算符将其处理成一个数组。

▌ 举例

```
function fn(...args) {
    console.log(args);
}
fn(1, 2, 3);
```

控制台输出结果如下所示。

```
[1, 2, 3]
```

▌ 分析

下面两种方式其实是等价的，方式 1 可以被看作方式 2 的简写。

```
// 方式1
function fn(...args) {
    console.log(args);
}
```

```
// 方式2
function fn() {
    const args = [...arguments];
    console.log(args);
}
```

▌ 举例

```
function fn(a, b, ...args){
    console.log(args);
}

fn(1, 2, 3);
fn(1, 2, 3, 4);
fn(1, 2, 3, 4, 5);
```

控制台输出结果如下所示。

```
[3]
[3, 4]
[3, 4, 5]
```

▌ 分析

小伙伴们肯定会问，展开运算符和剩余运算符都用"..."来表示，那么怎么判断代码中的"..."是哪一种运算符呢？实际上，"..."的使用应遵循以下两个规律。

- 当"..."在等号的左边，或者在函数形参上时，其为剩余运算符。
- 当"..."在等号的右边，或者在函数实参上时，其为展开运算符。

8.3 求幂运算符

在 ES6 之前，如果想对一个数进行求幂运算，我们可以使用 Math.pow() 方法来实现。不过 ES6 为我们提供了更简单的实现方式，那就是"**"。

▌ 语法

```
a**b
```

▌ 说明

1 个 "*" 表示乘法运算符，2 个 "*" 表示求幂运算符。

▌ 举例

```
const result = 3 ** 2;
console.log(result);
```

控制台输出结果如下所示。

```
9
```

▌ 分析

对于这个例子，下面两种方式是等价的。

```
// 方式1
const result = 3 ** 2;

// 方式2
const result = Math.pow(3, 2);
```

8.4 本章练习

1. 下面有关展开运算符的说法中，不正确的是（　　）。
   A. 展开运算符不仅可以用于对象，还可以用于数组
   B. 展开运算符实现的是深复制
   C. 展开运算符可以将类数组转换为真正的数组
   D. 展开运算符又叫作"扩展运算符"或"spread 运算符"
2. 下面有一段代码，其运行结果是（　　）。

```
const arr1 = [4, 5, 6];
const arr2 = [7, 8, 9];

const [a, ...rest] = arr2;
const [,,b] = arr2;
const result = [a, ...arr1, b];
console.log(result);
```
　　A. [7, 4, 5, 6, 9]　　　　　　　　　B. [9, 4, 5, 6, 7]
　　C. [4, 5, 6]　　　　　　　　　　　D. 报错

第 9 章 新增类型

9.1 新增类型简介

在 ES6 之前，JavaScript 有 6 种数据类型。其中，基本数据类型有 5 种，引用数据类型有 1 种，如下所示。

- 基本数据类型：数字、字符串、布尔值、undefined、null。
- 引用数据类型：对象（Object）。

数组（Array）和函数（Function）本质上属于对象，而并不是独立的数据类型，这一点小伙伴们要非常清楚。

ES6 新增了 1 种基本数据类型，那就是 Symbol。ES6 还新增了 4 种数据结构：Set、WeakSet、Map、WeakMap。注意，数据类型和数据结构是不一样的。

另外，Set、WeakSet、Map、WeakMap 与数组类似，它们本质上还是属于对象（Object）。也就是说，到目前为止，JavaScript 只有 7 种数据类型，如下所示。

- 基本数据类型：数字、字符串、布尔值、undefined、null、Symbol。
- 引用数据类型：对象。

9.2 Symbol

9.2.1 语法简介

在 ES6 中，我们可以使用 Symbol() 函数来生成一个 Symbol 值。Symbol 值是一个独一无二的值。

▼ 语法

```
Symbol(描述)
```

▼ 说明

Symbol 值必须使用 Symbol() 函数才能生成。Symbol() 函数可以接受一个字符串作为参数，这个参数仅仅是对 Symbol 值的一个描述，并没有其他任何意义。

实际上，不管 Symbol() 函数有没有参数，它本身都会产生一个独一无二的 Symbol 值。也就是说，Symbol 值本身和 Symbol() 函数的参数是没有任何必然联系的（这一点非常重要）。

另外需要注意的是，Symbol() 函数前面不能使用 new 关键字，否则就会报错。为什么呢？原因很简单，用 new 进行实例化的结果一般是一个引用类型的对象 (Object)，而 Symbol 值却属于基本类型。

Symbol() 是一个普通函数，并不是一个构造函数，所以小伙伴们一定要记得：**Symbol() 前面不能使用 new 关键字**。

▼ 举例：判断类型

```
const a = "foo";
const b = Symbol("foo");

console.log(typeof a);
console.log(typeof b);
```

控制台输出结果如下所示。

```
string
symbol
```

▼ 分析

a 的值是 "foo"，但 b 的值不是 "foo"，而是 Symbol("foo")（看成一个整体）。如果使用 typeof 来判断 Symbol 值的类型，会返回 **symbol**，而不是 **string**。

▼ 举例：Symbol 值

```
const a = "foo";
const b = "foo";
console.log(a === b);

const m = Symbol("foo");
const n = Symbol("foo");
console.log(m === n);
```

控制台输出结果如下所示。

```
true
false
```

▼ 分析

对于字符串 "foo"，判断 "foo"==="foo"，返回的是 true。对于 Symbol 值 Symbol("foo")，由于 Symbol 值是独一无二的，即任意两个 Symbol 值都不相等，所以 Symbol("foo")===Symbol("foo") 返回 false。

Symbol() 函数产生的是一个独一无二的值，就算 Symbol() 函数的参数相同，它们的值也是不同的。这个参数仅仅是对 Symbol 值的描述而已，Symbol 值本身和这个参数没有任何关系。

可能小伙伴们又会问："不是说参数能对 Symbol 值进行描述，以便区分不同的 Symbol 值吗？为什么这里又说 Symbol 值和这个参数没有任何关系呢？"原因很简单：参数是对 Symbol 值的描述，这一点没有错，但是我们在实际开发中，肯定不会对两个 Symbol 值进行同样的描述。上面这个例子其实就对两个不同的 Symbol 值进行了同样的描述，这样做其实是没有意义的，并不会影响 Symbol 值本身。这里这样做，主要是为了和字符串进行比较。

▌ 举例：不带参数的 Symbol 值

```
const a = Symbol();
const b = Symbol();
console.log(a === b);
```

控制台输出结果如下所示。

```
false
```

▌ 分析

不管有没有参数，Symbol() 函数都会产生一个 Symbol 值，而每一个 Symbol 值都是独一无二的。所以任意两个 Symbol 值进行"==="比较，都会返回 false。

▌ 举例：空值

```
const a = Symbol();
console.log(a === 0);
console.log(a === "");
console.log(a === undefined);
console.log(a === null);
```

控制台输出结果如下所示。

```
false
false
false
false
```

▌ 分析

Symbol() 并不是一个空的 Symbol 值，它本身是有值的，而且还是一个独一无二的值，只不过这个值我们看不到而已。

9.2.2 深入了解

1. 使用同一个 Symbol 值

我们已经知道，不管有没有参数，Symbol() 都会产生一个独一无二的值，比如下面这个例子。

▌ 举例

```
const a = Symbol();
```

```
const b = Symbol();
console.log(a === b);

const m = Symbol("foo");
const n = Symbol("foo");
console.log(m === n);
```

控制台输出结果如下所示。

```
false
false
```

▌ 分析

可能小伙伴们会问："Symbol() 函数创建的值具体是什么样的，为什么它是独一无二的呢？"这是由 JavaScript 的内部设计决定的，我们没必要深究。

从上文中可以知道，Symbol() 函数的参数仅仅是一个描述而已，没有其他任何意义。比如 Symbol("foo") 和 Symbol("bar") 的值不相等，并不是因为参数 "foo" 和 "bar" 不同，而是因为 Symbol() 函数本身产生的每个值都是独一无二的。这里的 "foo" 和 "bar" 仅仅是用来描述这个 Symbol 值，以便增强代码的可读性而已。

Symbol() 函数创建的每个值都不一样，如果我们想使用同一个 Symbol 值，应该怎么做呢？可以使用 Symbol.for() 方法来实现。

▌ 举例：Symbol.for()

```
const a = Symbol.for();
const b = Symbol.for();
console.log(a === b);

const m = Symbol.for("foo");
const n = Symbol.for("foo");
console.log(m === n);
```

控制台输出结果如下所示。

```
true
true
```

▌ 分析

Symbol() 和 Symbol.for() 都会生成一个 Symbol 值，它们的区别在于：每次调用 Symbol()，都会返回一个全局的唯一值；但是 Symbol.for() 创建的值会存放在全局作用域的一个"Symbol 注册表"中，每次调用 Symbol.for()，程序会先检查这个注册表中是否已经存在相同的 key，也就是 Symbol.for() 的参数，如果不存在，就创建一个新的 Symbol 值，如果存在，就返回这个 Key 对应的 Symbol 值。

比如，调用 10 次 Symbol.for("foo")，每次都会返回同一个 Symbol 值。但是调用 10 次 Symbol("foo")，却会返回 10 个不同的 Symbol 值。

2. Symbol 值不能参与运算

Symbol 值是不能参与运算的，但是使用 toString() 方法显式转换为字符串之后，可以参与字符串拼接。

▌ 举例

```
const a = Symbol("one");
const b = Symbol("two");
console.log(a + 2020);
```

控制台输出结果如下所示。

（报错）Uncaught TypeError: Cannot convert a Symbol value to a number

▌ 分析

上面的报错表示"无法将一个 Symbol 值转换成一个 number"。如果运行 console.log(a + "2020")，此时报错如下所示。此外，两个 Symbol 值也是不能相加的。

（报错）Uncaught TypeError: Cannot convert a Symbol value to a string

▌ 举例

```
const s = Symbol("绿叶学习网");
console.log(s.toString() + "从0到1");
```

控制台输出结果如下所示。

Symbol(绿叶学习网)从0到1

▌ 分析

使用 toString() 方法将 Symbol 值转换为字符串之后，该字符串是可以与其他字符串相加的，但是这样做没有任何实际意义。

3. 遍历 Symbol 类型的属性

通过前面的学习可以知道，我们可以使用 Object.getOwnPropertyNames() 方法来获取对象的属性，但是这种方法只能获取非 Symbol 类型的属性。如果想要获取 Symbol 类型的属性，我们需要采用另一个方法，也就是 Object.getOwnPropertySymbols()。

▌ 举例

```
const name = Symbol();
const person = {
    [name]: "Jack",
    age: 24
};
const result1 = Object.getOwnPropertyNames(person);
const result2 = Object.getOwnPropertySymbols(person);
console.log(result1);
console.log(result2);
```

控制台输出结果如下所示。

```
["age"]
[Symbol()]
```

▌ **分析**

Object.getOwnPropertyNames() 方法只能获取非 Symbol 类型的属性，而 Object.getOwnPropertySymbols() 方法只能获取 Symbol 类型的属性。

9.2.3 应用场景

说了那么多，Symbol 值到底有什么用呢？实际上，Symbol 值常被用作对象的属性。在实际开发中，如果一个对象是由多个模块组成的，一个模块中的属性值很可能会覆盖另一个模块中的属性值。

▌ **举例**

```
const user = {
    name: "Jack",
    gender: "male",
    age: 24
};

user.name = "Lucy";
cnosole.log(user.name);
```

控制台输出结果如下所示。

```
Lucy
```

▌ **分析**

在这个例子中，我们定义了一个对象 user，它的 name 属性值为 "Jack"。后面的 user.name="Lucy"; 会把原来的 name 属性值覆盖掉，因此 user.name 的最终值是 "Lucy"。

▌ **举例**

```
const name = Symbol("name");
const user = {
    [name]: "Jack",
    gender: "male",
    age: 24
};

user.name = "Lucy";
console.log(user[name]);
console.log(user.name);
console.log(user);
```

控制台输出结果如下所示。

```
Jack
Lucy
{ gender: "male", age: 24, name: "Lucy", Symbol(name): "Jack" }
```

▌ **分析**

为对象定义一个 Symbol 类型的属性，一般有以下两种方式。

```
// 方式1
const name = Symbol("name");
const user = {
    [name]: "Jack",
    gender: "male",
    age: 24
}

// 方式2
const name = Symbol("name");
const user = {
    gender: "male",
    age: 24
};
user[name] = "Jack";
```

对于 Symbol 类型的属性，我们只能使用"[]"来定义，而不能使用"."来定义。也就是说，user.name=name; 这样的方式是无法定义 Symbol 类型的属性的。

console.log(user) 的输出结果显示，最终的 user 其实有两个 name 属性，一个是 **name**，另一个是 Symbol(name)。这两个属性完全不一样。因此，在这个例子中，后面的 user.name="Lucy"; 并不会覆盖 user 原来的 [name] 属性，而是增加了一个属性。

现在我们知道，对象的属性除了可以是一个**字符串**，还可以是一个 **Symbol 值**。其中，只要属性名属于 Symbol 类型，就是独一无二的，不会与其他属性名冲突。

▌ 举例

```
const name = Symbol("name");
const user = {
    gender: "male",
    age: 24
};
user.name = "Jack";
console.log(user);
```

控制台输出结果如下所示。

```
{ gender: "male", age: 24, name: "Jack" }
```

▌ 分析

在这个例子中，我们使用点运算符来给 user 添加一个 name 属性，这个 name 属性实际上是一个字符串，并不是一个 Symbol 值。

Symbol 对象有很多属性和方法，比如 Symbol.iterator、Symbol.relace()、Symbol.hasInstance() 等。但是这些属性和方法我们极少会用到，为了避免给小伙伴们增加记忆负担，这里就不详细展开了。如果小伙伴们在其他书上看到这些知识，也可以跳过。

9.3 Set

在 ES6 之前，如果想要表示集合类数据结构，我们可以使用 Array（数组）和 Object（对象）来实现。ES6 新增了两种集合类数据结构，也就是 Set 和 Map。

我们要特别注意一点，Set、Map、Array 本质上都属于对象。Set 和 Map 只是新增的**数据结构**，并不是新增的**数据类型**。从始至终，JavaScript 的引用数据类型都只有一种：Object（对象）。

Set 数据是由 new Set() 生成的，Map 数据是由 new Map() 生成的，这和数组由 new Array() 生成类似。接下来我们先来介绍 Set。

9.3.1 Set 简介

ES6 新增了一种数据结构：Set。Set 其实就是我们所说的"集合"，它和数学中的集合非常相似。

Set 有一个非常重要的特点，这一点与数学中的集合类似：**Set 元素是唯一的，Set 中不会出现相同的值，如果有相同的值，只会保留一个。**

Set 和数学中的集合不一样的地方在于：Set 元素是有序的，而数学中集合的元素是无序的。至于为什么，我们后面会介绍。

▼ 语法

```
const 变量名 = new Set(参数);
```

▼ 说明

Set() 是一个构造函数，它可以接收一个**数组**或者**类数组**作为参数。

▼ 举例：参数是数组

```
const s = new Set([1, 2, 3]);
console.log(s);
console.log(typeof s);
```

控制台输出结果如下所示。

```
Set {1, 2, 3}
object
```

▼ 分析

使用 typeof 判断一个 Set 的数据类型会输出 object，使用 typeof 判断一个 Array 的数据类型也会输出 object，这说明 Set 本质上也属于 Object 类型。

读到这里，小伙伴们可能会问："为什么创建一个集合，不是使用 new Set(1, 2, 3)，而是使用 new Set([1, 2, 3]) 这么奇怪的方式呢？"这是因为语法就是这么规定的，我们没必要深究，只需要遵循它的规则就行。

▌ 举例:参数是类数组

```html
<!DOCTYPE html>
<html>
<head>
    <meta charset="utf-8">
    <title></title>
    <script>
        window.onload = function() {
            const oLis = new Set(document.getElementsByTagName("li"));
            console.log(oLis);
            console.log(typeof oLis);
        }
    </script>
</head>
<body>
    <ul>
        <li>HTML</li>
        <li>CSS</li>
        <li>JavaScript</li>
    </ul>
</body>
</html>
```

控制台输出结果如下所示。

```
Set {li, li, li}
object
```

▌ 举例:集合元素是唯一的

```
const s1 = new Set([1, 2, 3]);
const s2 = new Set([1, 1, 2, 3, 3]);
console.log(s1);
console.log(s2);
```

控制台输出结果如下所示。

```
Set {1, 2, 3}
Set {1, 2, 3}
```

▌ 分析

集合内部的元素具有唯一性,这一点和数组非常不同。也就是说,如果在定义的时候,集合中有重复的元素,那么最终这些重复元素中只有一个会被保留下来。换句话说就是,集合 Set 带有自动去重的功能。

9.3.2 Set 的属性

在 ES6 中,Set 只有一个属性:size。size 属性用于获取集合元素的个数。

▌ **语法**

```
set.size
```

▌ **说明**

我们使用 length 属性来获取数组元素的个数,使用 size 属性来获取集合元素的个数。

▌ **举例**

```
const s1 = new Set([1, 2, 3]);
const s2 = new Set([1, 1, 2, 3, 3]);
console.log(s1.size);
console.log(s2.size);
```

控制台输出结果如下所示。

```
3
3
```

▌ **分析**

由于集合元素具有唯一性,s2 的最终结果是 Set {1, 2, 3},因此 s2.size 也是 3。

9.3.3 Set 的方法

在 ES6 中,Set 的方法有很多,常用方法如表 9-1 所示。

表 9-1 Set 的常用方法

方法	说明
add()	添加元素
delete()	删除元素
clear()	清空 Set
has()	判断是否存在某个元素
forEach()	遍历元素
keys()	遍历 key,返回一个 Iterator 对象
values()	遍历 value,返回一个 Iterator 对象
entries()	同时遍历 key 和 value,返回一个 Iterator 对象

1. add()

我们可以使用 add() 方法为 Set 添加一个元素。add() 方法会返回一个新的 Set,使得我们可以使用链式语法。

▌ **语法**

```
set.add(value)
```

▌ **举例**

```
const s = new Set([1, 2, 3]);
```

```
s.add(4);
s.add(5);
console.log(s);
```

控制台输出结果如下所示。

```
Set {1, 2, 3, 4, 5}
```

▍ 分析

在使用 add() 方法时，我们可以采取链式调用的方式。下面两种方式是等价的。

```
// 方式1
s.add(4);
s.add(5);

// 方式2
s.add(4).add(5);
```

当然，我们还可以使用 add() 方法来创建一个集合，请看下面的例子。

▍ 举例

```
const s = new Set();
s.add(1);
s.add(2);
s.add(3);
console.log(s);
```

控制台输出结果如下所示。

```
Set {1, 2, 3}
```

▍ 分析

实际上有两种创建集合的方式，下面两种方式是等价的。

```
// 方式1
const s = new Set([1, 2, 3]);

// 方式2
const s = new Set();
s.add(1);
s.add(2);
s.add(3);
```

▍ 举例

```
const s = new Set([1, 2, 3]);
s.add(1);
s.add(2);
console.log(s);
```

控制台输出结果如下所示。

```
Set {1, 2, 3}
```

▌分析

当我们尝试使用 add() 方法向集合中添加重复的元素时，集合只会保留其中一个，这也证明了集合元素具有唯一性。

2. delete()

我们可以使用 delete() 方法删除 Set 中的某一个元素。

▌语法

```
set.delete(value)
```

▌举例

```
const s = new Set([1, 2, 3]);
s.delete(1);
s.delete(2);
console.log(s);
```

控制台输出结果如下所示。

```
Set {3}
```

▌分析

delete() 和 add() 不一样，不能采取链式调用的方式来进行删除，小伙伴们可以自行尝试一下。

3. clear()

我们可以使用 clear() 方法来清空 Set。

▌语法

```
set.clear()
```

▌举例

```
const s = new Set([1, 2, 3]);
s.clear();
console.log(s);
```

控制台输出结果如下所示。

```
Set {}
```

4. has()

我们可以使用 has() 方法来判断集合中是否存在某个元素。has() 方法会返回一个布尔值。

▌语法

```
set.has(value)
```

▌举例

```
const s = new Set([1, 2, 3]);
console.log(s.has(3));
```

```
console.log(s.has(4));
```

控制台输出结果如下所示。

```
true
false
```

5. forEach()

我们可以使用 forEach() 方法来遍历集合中的所有元素。

▌ 语法

```
set.forEach((value, key, set) => {
    ……
})
```

▌ 说明

forEach() 有 3 个参数，value 表示值，key 表示键，set 表示集合本身。其中，value 是必选参数，key 和 set 都是可选参数。注意，第 1 个参数是 value（值），而不是 key（键）。

集合的 forEach() 方法和数组的 forEach() 方法非常相似，小伙伴们可以对比理解一下。由此也可知，我们并不需要将集合转换为数组，就可以使用 forEach() 方法，因为集合本身就带有 forEach() 方法。

▌ 举例

```
const s1 = new Set([1, 2, 3]);
s1.forEach((value, key) => {
    console.log(`${key}: ${value}`);
});

const s2 = new Set(["red", "green", "blue"]);
s2.forEach((value, key) => {
    console.log(`${key}: ${value}`);
});
```

控制台输出结果如下所示。

```
1: 1
2: 2
3: 3
red: red
green: green
blue: blue
```

▌ 分析

从这个例子中可以看出，Set 的键名和键值是一样的。

6. keys()、values()、entries()

我们可以使用 keys() 方法来遍历 Set 中所有的"键"，可以使用 values() 方法来遍历 Set 中所有的"值"，还可以使用 entries() 来遍历所有"键"和"值"。

▌ 语法

```
set.keys()
set.values()
set.entries()
```

▌ 说明

keys()、values() 和 entries() 都会返回一个 Iterator 对象，而不是返回一个数组。此外，Set 的 "键" 和 "值" 是相同的。

▌ 举例

```
const set = new Set(["red", "green", "blue"]);
console.log(set.keys());
console.log(set.values());
console.log(set.entries());
```

控制台输出结果如下所示。

```
SetIterator {"red", "green", "blue"}
SetIterator {"red", "green", "blue"}
SetIterator {"red" => "red", "green" => "green", "blue" => "blue"}
```

▌ 分析

这里我们要特别注意，我们不能使用 Object.keys()、Object.values()、Object.entries() 这几种方法对 Set 进行遍历操作，因为它们只能遍历 Object 对象。

既然 keys()、values()、entries() 返回的都是 Iterator 对象，我们可以使用 Iterator 对象的方法（如 for...of 等）继续操作。对于 Iterator 对象，我们会在第 10 章详细介绍。

9.3.4 Set 的应用

Set 有以下两个非常重要的用途。
- 数组去重。
- 集合操作。

1. 数组去重

在 ES5 中，实现数组去重是一件比较麻烦的事。我们可以看一下常规做法是怎样的。

▌ 举例: ES5

```
function unique(arr) {
    var result = [];
    for(var i = 0; i < arr.length; i++) {
        if(result.indexOf(arr[i]) === -1) {
            result.push(arr[i]);
        }
    }
    return result;
```

```
}
var arr = [1, 1, 2, "red", "red", true];
console.log(unique(arr));
```

控制台输出结果如下所示。

```
[1, 2, "red", true]
```

▍ **分析**

ES5 的常规做法是先定义一个去重函数 unique()，在函数内部定义一个空数组 result，用来保存结果。接下来遍历传进来的数组，如果 result 中不存在当前遍历到的元素，那么就往 result 中添加这个元素。最后，返回这个 result。

使用 ES6 中的 Set 实现数组去重则再轻松不过了。用 Set 实现数组去重的方式有两种：一种是使用 Set 与 Array.from()，另一种是使用 Set 与展开运算符。

▍ **举例：Set 与 Array.from()**

```
const arr = [1, 1, 2, "red", "red", true];
const result = Array.from(new Set(arr));
console.log(result);
```

控制台输出结果如下所示。

```
[1, 2, "red", true]
```

▍ **分析**

在这个例子中，首先使用 new Set(arr) 来将数组转换为 Set。由于 Set 的元素具有唯一性，此时 new Set(arr) 返回的结果是 Set {1, 2, "red", true }。

但是我们想要实现的是数组去重，最终得到的应该还是一个数组，因此最后还要使用 Array.from() 来将 Set 转换为数组。

▍ **举例：Set 与展开运算符**

```
const arr = [1, 1, 2, "red", "red", true];
const result = [...new Set(arr)];
console.log(result);
```

控制台输出结果如下所示。

```
[1, 2, "red", true]
```

▍ **分析**

同样地，首先我们使用 new Set(arr) 来将数组转换为 Set，然后使用展开运算符来将 Set 转换为数组。

2. 集合操作

在数学中，常见的集合操作有 3 种：求并集、求交集、求差集。JavaScript 同样包含这 3 个方面的操作。

- 并集。
- 交集。
- 差集。

▎ 举例：并集

```
const a = new Set([1, 2, 3]);
const b = new Set([2, 3, 4]);

const result = new Set([...a, ...b]);
console.log(result);
```

控制台输出结果如下所示。

```
Set {1, 2, 3, 4}
```

▎ 分析

得到两个 Set 的并集很简单，我们只需要先使用展开运算符把这两个 Set 合并成一个数组，再将这个数组转换成 Set。

▎ 举例：交集

```
const a = new Set([1, 2, 3]);
const b = new Set([2, 3, 4]);

const arr = [...a].filter((item) => {
    if(b.has(item)) {
        return item;
    }
});
const result = new Set(arr);
console.log(result);
```

控制台输出结果如下所示。

```
Set {2, 3}
```

▎ 分析

想得到两个集合的交集，我们首先要使用展开运算符把第 1 个 Set 转换为数组，然后使用数组的 filter() 进行遍历，在遍历的内部对每一个 Set 元素进行判断，如果第 2 个 Set 含有这个元素，那就将这个元素返回。最后，我们将返回的所有元素组成的数组转换为 Set，得到的结果就是两个集合的交集。

▎ 举例：差集

```
const a = new Set([1, 2, 3]);
const b = new Set([2, 3, 4]);

const arr1 = [...a].filter((item) => {
    if(!b.has(item)) {
        return item;
    }
```

```
    });
    const arr2 = [...b].filter((item) => {
        if(!a.has(item)) {
            return item;
        }
    });
    const result = new Set([...arr1, ...arr2]);
    console.log(result);
```

控制台输出结果如下所示。

```
Set {1, 4}
```

▌ 分析

如果想得到两个集合的差集，首先我们要获取 a 中与 b 不同的部分，然后要获取 b 中与 a 不同的部分，最后将这两部分合并在一起。

9.4 Map

9.4.1 Map 简介

我们都知道，对象的键只能是**字符串或 Symbol 值**，而不能是其他值。可能小伙伴们会觉得很奇怪，下面代码中对象的属性就不是一个字符串啊。

```
const obj = {
    name: "Jack"
};
```

实际上，对象的属性名总会被强制转换为字符串类型，也就是说，上面的代码最终会被强制转换为下面的代码。

```
const obj = {
    "name": "Jack"
};
```

ES6 新增了一种数据结构——Map。Map 的键可以是任意值，比如对象、数组、类数组。Map 可以被称为"映射"。实际上，你也可以把 Map 看成一种特殊的对象。

映射和对象有以下两个非常重要的区别。

- 映射的键可以是任意值，对象的键只能是字符串或 Symbol 值。
- 映射的键是有序的，对象的键是无序的。

▌ 语法

```
const 变量名 = new Map(二维数组);
```

▌ 分析

Map() 是一个构造函数，它一般接收一个**二维数组**作为参数。

▼ 举例：创建映射

```
const map = new Map([["name", "Jack"], ["age", 24]]);
console.log(map);
```

控制台输出结果如下所示。

```
Map {"name" => "Jack", "age" => 24}
```

▼ 分析

Map() 接收一个**二维数组**作为参数，不过这个二维数组的子数组必须只有两个元素，第 1 个元素作为映射的 key，第 2 个元素作为映射的 value。

9.4.2 Map 的属性

在 ES6 中，Map 只有一个属性：size。size 属性用于获取 Map 元素的个数。

▼ 语法

```
map.size
```

▼ 说明

Map 和 Set 一样，都使用 size 属性来获取元素个数，而不是使用 length 属性。

▼ 举例：Map 的长度

```
const map = new Map([["name", "Jack"], ["age", 24]]);
console.log(map.size);
```

控制台输出结果如下所示。

```
2
```

▼ 分析

获取 Map 的元素个数非常简单，只需要一个 size 属性。

▼ 举例：Object 的长度

```
const obj = {
    name: "Jack",
    age: 24
};
const arr = Object.keys(obj);
console.log(arr.length);
```

控制台输出结果如下所示。

```
2
```

▼ 分析

获取 Object 的属性个数比较麻烦，我们首先需要使用 Object.keys() 或 Object.values() 遍历这个对象，从而得到一个数组，再通过数组的 length 属性来获取对象属性个数。

9.4.3 Map 的方法

在 ES6 中，Map 的方法有很多，常用方法如表 9-2 所示。

表 9-2 Map 的常用方法

方法	说明
get()	获取元素
set()	添加元素
delete()	删除元素
clear()	清空 Map
has()	判断是否存在某个键
forEach()	遍历元素
keys()	遍历 key，返回一个 Iterator 对象
values()	遍历 value，返回一个 Iterator 对象
entries()	同时遍历 key 和 value，返回一个 Iterator 对象

1. set()

我们可以使用 set() 方法来为 Map 添加一个键值对。set() 方法会返回一个新的 Map，使得我们可以使用链式语法。

▌ 语法

```
map.set(key, value)
```

▌ 举例

```
const map = new Map([
    ["a", 1],
    ["b", 2],
    ["c", 3]
]);
map.set("d", 4);
map.set("e", 5);
console.log(map);
```

控制台输出结果如下所示。

```
Map {"a" => 1, "b" => 2, "c" => 3, "d" => 4, "e" => 5}
```

▌ 分析

使用 set() 方法时，我们可以采取链式调用的方式。下面两种方式是等价的。

```
// 方式1
map.set("d", 4);
map.set("e", 5);
```

```
// 方式2
map.set("d", 4).set("e", 5);
```

当然了，我们也可以使用 set() 方法来创建一个映射，请看下面的例子。

▌ 举例：创建映射

```
const map = new Map();
map.set("name", "Jack");
map.set("age", 24);
console.log(map);
```

控制台输出结果如下所示。

```
Map {"name" => "Jack", "age" => 24}
```

▌ 分析

创建映射的方式有两种，这两种方式是等价的。

```
// 方式1
const map = new Map([["name", "Jack"], ["age", 24]]);
```

```
// 方式2
const map = new Map();
map.set("name", "Jack");
map.set("age", 24);
```

▌ 举例

```
const map = new Map([["name", "Jack"], ["age", 24]]);
map.set("name", "Lucy");
console.log(map);
```

控制台输出结果如下所示。

```
Map {"name" => "Lucy", "age" => 24}
```

▌ 分析

由于映射是类似于对象的数据结构，所以 map.set("name", "Lucy"); 会覆盖原来的 ("name", "Jack") 键值对。

2. get()

我们可以使用 get() 方法来获取 Map 中某一个键对应的值。

▌ 语法

```
map.get(key)
```

▌ 举例

```
const map = new Map([
    ["a", 1],
    ["b", 2],
```

```
    ["c", 3]
]);
console.log(map.get("c"));
```

控制台输出结果如下所示。

3

3. delete()

我们可以使用 delete() 方法来删除 Map 中的某一个键值对。

▌ 语法

```
map.delete(key)
```

▌ 举例

```
const map = new Map([
    ["a", 1],
    ["b", 2],
    ["c", 3]
]);
map.delete("a");
console.log(map);
```

控制台输出结果如下所示。

```
Map {"b" => 2, "c" => 3}
```

▌ 分析

delete() 不像 set() 那样可以应用链式语法，我们不能使用 delete() 来进行链式删除，小伙伴们可以自行试一下。

4. clear()

我们可以使用 clear() 方法来清空整个 Map。

▌ 语法

```
map.clear()
```

▌ 举例

```
const map = new Map([
    ["a", 1],
    ["b", 2],
    ["c", 3]
]);
map.clear();
console.log(map);
```

控制台输出结果如下所示。

```
Map{}
```

5. has()

我们可以使用 has() 来判断集合中是否存在某个键。has() 方法会返回一个布尔值。

▌ 语法

```
map.has(key)
```

▌ 举例

```
const map = new Map([
    ["a", 1],
    ["b", 2],
    ["c", 3]
]);
console.log(map.has("c"));
console.log(map.has("d"));
```

控制台输出结果如下所示。

```
true
false
```

6. forEach()

我们可以使用 forEach() 方法来遍历 Map 中的所有元素。

▌ 语法

```
map.forEach((value, key, map) => {
    ……
})
```

▌ 说明

forEach() 有 3 个参数，value 表示值，key 表示键，map 表示 Map。其中，value 是必选参数，key 和 map 都是可选参数。

Set、Map、Array 这三者的 forEach() 方法都是一样的，小伙伴们可以对比理解一下。

▌ 举例

```
const map = new Map([
    ["a", 1],
    ["b", 2],
    ["c", 3]
]);
map.forEach((value, key) => {
    console.log(`${key}: ${value}`);
});
```

控制台输出结果如下所示。

```
a: 1
b: 2
c: 3
```

7. keys()、values()、entries()

对于 Map，我们可以使用 keys() 方法来遍历其所有的"键"，可以使用 values() 方法来遍历其所有的"值"，还可以使用 entries() 方法来遍历所有"键"和"值"。

▌ **语法**

```
map.keys()
map.values()
map.entries()
```

▌ **说明**

keys()、values() 和 entries() 返回的都是 Iterator 对象，而不是数组。

▌ **举例**

```
const map = new Map([
    ["name", "Jack"],
    ["gender", "male"],
    ["age", 24]
]);

console.log(map.keys());
console.log(map.values());
console.log(map.entries());
```

控制台输出结果如下所示。

```
MapIterator {"name", "gender", "age"}
MapIterator {"Jack", "male", 24}
MapIterator {"name" => "Jack", "gender" => "male", "age" => 24}
```

▌ **分析**

这里我们要特别注意，我们不能使用 Object.keys()、Object.values()、Object.entries() 这几种方法来对 map 进行遍历，这是因为它们只能遍历 Object 对象。

既然 keys()、values()、entries() 返回的都是 Iterator 对象，我们就可以使用 Iterator 对象的方法继续操作，比如 for...of 等。对于 Iterator 对象，我们在第 10 章会详细介绍。

9.4.4 Map 的应用

读到这里，可能小伙伴们会问："键值对都应该使用 Map 来表示吗？"答案是否定的。大多数时候，我们还是推荐使用常规的对象。因为常规对象是轻量级的，而且更加直观易懂。

在实际开发中，只有当需要用一种特殊的值（比如 DOM 节点）来充当对象的键时，我们才会考虑使用 Map 来表示。

▌ **举例**

```
<!DOCTYPE html>
<html>
```

```
<head>
    <meta charset="utf-8" />
    <title></title>
    <script>
        window.onload = function() {
            const map = new Map();
            const oDiv = document.getElementById("lvye");
            map.set(oDiv, "lvye");
            console.log(map);
        }
    </script>
</head>
<body>
    <div id="lvye"></div>
</body>
</html>
```

控制台输出结果如下所示。

```
Map {div#lvye => "lvye"}
```

【常见问题】

1. 为什么 Set 和 Map 都是有序的呢？

这是因为 JavaScript 的设计者一开始就把 Set 和 Map 设计成了可迭代对象（即 Iterator 对象）。可迭代对象是有序的，这样它们才能使用 for...of 来进行循环遍历。至于什么是可迭代对象，我们会在后文中详细介绍，这里简单了解一下即可。

2. Set 和 Map 是类数组吗？

Set 和 Map 并不属于类数组，它们其实都是独立的数据结构。类数组有一个很直观的特征，即它们都有 length 属性。但是我们知道 Set 和 Map 并没有 length 属性，而是只有 size 属性，所以它们肯定不是类数组。

3. 为什么用于判断 Set 和 Map 中是否包含某个键的方法取名为 has()，而不是 includes() 呢？

has() 通常用于判断是否存在某个键（key），比如 Set 和 Map 中的键。而 includes() 通常用于判断元素，比如字符串或数组中的元素是否存在。其中 Set 比较特殊，它的键其实也是它的值（value）。有时候，了解 JavaScript 是怎么设计的，有助于让我们理解和记忆得更加清晰一些。

4. 不是说除了 Set 和 Map，还有 WeakSet 和 WeakMap 这两种数据结构吗？为什么不介绍一下呢？

WeakSet 和 WeakMap 在实际开发中基本用不到。为了避免增加自己的记忆负担，我们只要知道有这两种数据结构即可，感兴趣的小伙伴可以自行搜索了解一下。

9.5 本章练习

一、单选题

1. 下面有关 Set 和 Map 的说法中，正确的是（   ）。
   A.Set 和 Map 中的元素都是无序的
   B.Set 和 Map 属于新增的数据类型
   C.Array.from() 可以将 Set 和 Map 转换为数组
   D.Set 和 Map 都是类数组

2. 下面有一段代码，其运行结果是（   ）。

```
const set = new Set([10, 3, 59, 3, 84]);
set.add(3);
set.add(10)
console.log(set);
```

   A.Set {10, 3, 59, 84}
   B.Set {[10, 3, 59, 84]}
   C.Set {10, 3, 59, 3, 84}
   D.Set {10, 3, 59, 3, 84, 3, 10}

二、编程题

1. 下面有一个数组，请分别使用 ES5 和 ES6 对其进行去重。

```
const arr = [20, "lvye", 20, 1, true, false, "lvye"];
```

2. 下面有一个对象，请尝试将这个对象转换为一个 Map 对象（提示：Map 对象可以接收一个二维数组作为参数）。

```
const book = {
    name: "ES6快速上手",
    price: 59,
    chapter: 24
};
```

第 10 章 可迭代对象

10.1 可迭代对象是什么

在 ES6 之前，如果想要遍历一个数组，我们通常会使用循环语句来实现，在循环语句中初始化一个变量来记录每一次循环后得到的值的位置。

```
var arr = ["red", "green", "blue"];
for(var i = 0; i < arr.length; i++) {
    console.log(arr[i]);
}
```

上面是一段标准的 for 循环代码，我们定义一个变量 i 来追踪 arr 数组的索引。每执行一次循环，如果 i 不大于数组长度，就加 1，并执行下一次循环。

虽然循环语句比较简单，但是如果将多个循环嵌套在一起，就需要追踪多个变量，代码的复杂度会大大提高，一不小心就可能会错误使用其他 for 循环中的变量。

为了简化循环代码，并且避免多层循环嵌套时出错，ES6 引入了可迭代对象的语法。实际上，很多编程语言都有可迭代对象的语法，比如 Python、Java 等。

10.1.1 自定义的可迭代对象

在 ES6 中，可迭代对象又叫作"迭代器"或者"Iterator 对象"。可迭代对象有两个非常重要的特点，一是它们必须有一个 [Symbol.iterator] 属性，二是它们都可以使用 for...of 来遍历。

接下来我们先来介绍一下如何自定义一个可迭代对象，然后看看可迭代对象的内部结构是怎样的。

▶ **举例：自定义可迭代对象**

```
const sequence = {
    items: ["red", "green", "red"],
    [Symbol.iterator]() {
```

```
            let i = 0;
            const that = this;
            return {
                next() {
                    if (i < that.items.length) {
                        return {
                            value: that.items[i++],
                            done: false
                        };
                    } else {
                        return {
                            value: that.items[i++],
                            done: true
                        };
                    }
                }
            };
        }
    };

    for (const item of sequence) {
        console.log(item);
    }
```

控制台输出结果如下所示。

```
red
green
blue
```

▌ 分析

首先我们要知道一点，凡是可迭代对象，都可以使用 for..of 语句来循环遍历。for...of 本质上就是调用可迭代对象 [Symbol.iterator] 中的 next() 方法。

在这个例子中，我们自定义了一个可迭代对象，这个可迭代对象必须有一个 [Symbol.iterator] 属性。定义好了之后，我们再使用 for...of 来遍历这个可迭代对象。

小伙伴可能会问："定义这样一个可迭代对象到底有什么用呢？"其实这里我们定义可迭代对象，只是为了简单介绍可迭代对象是怎么定义的，以便认识其内部结构。在实际开发中，我们极少会这样自定义一个可迭代对象。

▌ 举例：[Symbol.iterator]

```
const sequence = {
    items: ["red", "green", "red"],
    [Symbol.iterator]() {
        let i = 0;
        const that = this;
        return {
            next() {
                if (i < that.items.length) {
                    return {
```

```
                    value: that.items[i++],
                    done: false
                };
            } else {
                return {
                    value: that.items[i++],
                    done: true
                };
            }
        }
    };
};

const result = sequence[Symbol.iterator]();
console.log(result.next());
console.log(result.next());
console.log(result.next());
console.log(result.next());
```

控制台输出结果如下所示。

```
{ value: "red", done: false }
{ value: "green", done: false }
{ value: "red", done: false }
{ value: undefined, done: true }
```

▌分析

[Symbol.iterator] 是对象的一个属性，这个属性的值是一个函数。当然，我们把 [Symbol.iterator] 说成对象的一个方法，也是没有问题的。

sequence[Symbol.iterator]() 表示执行 sequence 的 [Symbol.iterator]() 方法，然后该方法返回一个对象，并且将这个对象赋值给 result 变量。从代码中可以看出，这个返回对象有一个 next() 方法。

next() 方法也返回一个对象，这个对象有 value 和 done 这两个属性。value 表示当前遍历到的值，done 表示这次遍历是否还有下一步状态。如果 done 的值为 false，表示还有下一步；如果 done 的值为 true，表示没有下一步。上面的代码执行了 4 次 next()，前 3 次都能找到值，所以 done 都返回了 false；第 4 次执行 next() 时，因为找不到值，所以 done 返回 true（表示结束）。

凡是带有 [Symbol.iterator] 属性的对象，都可以使用 for...of 循环。小伙伴们可能会问："为什么定义一个 [Symbol.iterator] 属性，就能使用 for...of 来遍历呢？"对于这个问题，小伙伴们不用深究，因为这是语法规定的，我们只需要记住这一点：**如果想使某个数据结构可以使用 for...of，就要这样为其定义一个 [Symbol.iterator] 属性。**

10.1.2 内置的可迭代对象

在 ES6 中，常见的内置可迭代对象包括字符串、数组、类数组、Set、Map。既然它们都是可迭代对象，那么它们都拥有以下两个特性。

- 都可以使用 for...of。
- 都有 [Symbol.iterator] 属性。

举例：for...of

```
const arr = ["HTML", "CSS", "JavaScript"];
for(const item of arr) {
    console.log(item);
}
```

控制台输出结果如下所示。

```
HTML
CSS
JavaScript
```

分析

由于数组本身就是一个可迭代对象，所以我们可以使用 for...of 来对它进行遍历。小伙伴们可以自行尝试用同样的方法对字符串、类数组、Set、Map 进行遍历。

举例：[Symbol.iterator]

```
const arr = ["HTML", "CSS", "JavaScript"];
const result = arr[Symbol.iterator]();
console.log(result.next());
console.log(result.next());
console.log(result.next());
console.log(result.next());
```

控制台输出结果如下所示。

```
{ value: "HTML", done: false }
{ value: "CSS", done: false }
{ value: "JavaScript", done: false }
{ value: undefined, done: true }
```

分析

由于数组是一个可迭代对象，它肯定内置了一个 [Symbol.iterator] 属性，不需要我们自己定义。这里之所以举上面这两个例子，是为了让小伙伴们明白，所有可迭代对象都可以使用 for...of 循环以及 [Symbol.iterator] 属性。

10.2 for...of

10.2.1 for...of 简介

从上一节可以知道，for...of 可以用来循环遍历所有可迭代对象。在 ES6 中，常见的可迭代对象有以下 4 种。

- 字符串。
- 数组。
- 类数组。
- Set 和 Map。

它们都内置了 [Symbol.iterator] 属性，这也是它们能够使用 for...of 的根本原因。

▌ 语法

```
for(const item of 可迭代对象) {
    ……
}
```

▌ 说明

需要特别注意一下 for...of 的语法，for 需要放在括号外，而不是在括号内。如果写成下面这样，就是错误的。

```
(for const item of 可迭代对象) {
    ……
}
```

▌ 举例：字符串

```
const str = "绿叶学习网";
for(const item of str) {
    console.log(item);
}
```

控制台输出结果如下所示。

```
绿
叶
学
习
网
```

▌ 举例：数组

```
const arr = ["red", "green", "blue"];
for (const item of arr) {
    console.log(item);
}
```

控制台输出结果如下所示。

```
red
green
blue
```

▌ 举例：类数组

```
function foo() {
    for (const item of arguments) {
        console.log(item);
```

```
    }
}
foo(1, 2, 3);
```

控制台输出结果如下所示。

```
1
2
3
```

▌举例: Set

```
const set = new Set([10, 20, 30]);
for(const item of set) {
    console.log(item);
}
```

控制台输出结果如下所示。

```
10
20
30
```

▌举例: Map

```
const map = new Map([
    ["name", "Jack"],
    ["gender", "male"],
    ["age", 24]
]);
for(const item of map) {
    console.log(item);
}
```

控制台输出结果如下所示。

```
["name", "Jack"]
["gender", "male"]
["age", 24]
```

10.2.2 深入了解 for...of

接下来，我们深入剖析一下 for...of。以下 3 点非常重要。
- for...of 不能用于遍历 Object 对象。
- for...of 一般用于可迭代对象，for...in 一般用于 Object 对象。
- 数组有 3 种遍历方式: for 循环、forEach()、for...of。

▌举例: for...of 遍历 Object 对象

```
const obj = {
    name: "Jack",
    gender: "male",
```

```
        age: 24
};

for (const item of obj) {
    console.log(item);
}
```

控制台输出结果如下所示。

（报错）`Uncaught TypeError: obj is not iterable`

▌ 分析

从输出结果可以看出，Object 对象并不是可迭代对象，因此无法使用 for...of 来遍历。

▌ 举例：for...in 遍历 Object 对象

```
const obj = {
    name: "Jack",
    gender: "male",
    age: 24
};

for (const item in obj) {
    console.log(item);
}
```

控制台输出结果如下所示。

```
name
gender
age
```

▌ 分析

for...in 一般用来遍历 Object 对象，很少用来遍历其他对象。当然，你也可以用它来遍历数组，只不过我们很少这样做。

▌ 举例：for...in 遍历数组

```
const arr = ["red", "green", "blue"];
for(const item in arr) {
    console.log(item);
}
```

控制台输出结果如下所示。

```
0
1
2
```

▌ 分析

当用 for...in 遍历对象时，遍历的其实是对象的键。当用 for...in 遍历数组时，遍历的其实是数组的索引（也叫数组的键）。当你想要遍历数组元素的值时，使用 for...in 就比较鸡肋，因为我们还需要配合下标才能获取值，还不如 for...of 方便。

注意，我们一定要记住这一点，for...of 和 for...in 是完全不同的，for...of 一般用于遍历可迭代对象，for...in 一般用于遍历 Object 对象（很少用于遍历数组）。

10.3 本章练习

一、单选题

1. 下面不属于可迭代对象的是（　　）。
   A.Array　　　　　B.Object　　　　　C.Set　　　　　D.Map
2. 下面有关可迭代对象的说法中，不正确的是（　　）。
   A. 字符串是一个可迭代对象
   B. 可迭代对象必须有 [Symbol.iterator] 属性
   C.Array 和 Object 都可以使用 for...of 来遍历
   D.Array 和 Object 都可以使用 for...in 来遍历

二、编程题

1. 下面有一个数组，请至少使用 3 种方式来遍历它的元素。
```
const arr = ["red", "green", "blue"];
```
2. 下面有一个对象，请至少使用 3 种方式来遍历它每一个键的值。
```
const obj = {
    width: 10,
    height: 20,
    color: "red"
};
```

第 11 章 类（class）

11.1 类简介

11.1.1 类的定义

在 ES6 之前，如果想要定义一个类，我们都是通过构造函数来实现的。这种写法与传统的面向对象语言（如 C++ 或 Java）差异很大，很容易让初学的小伙伴感到困惑。先来看一个简单的例子。

▼ **举例：在 ES5 中定义一个类**

```
function Person(name){
    // 类的属性
    this.name = name;
}
// 类的方法
Person.prototype.sayName = function(){
    console.log(this.name);
};
var p = new Person("Jack");
p.sayName();
```

控制台输出结果如下所示。

```
Jack
```

▼ **分析**

在 ES6 中，我们可以使用 class 关键字来定义一个类，上面这个例子就可以使用 class 来改写。

举例：在 ES6 中定义一个类

```
class Person {
    constructor(name) {
        //类的属性
        this.name = name;
    }
    //类的方法
    sayName () {
        console.log(this.name);
    }
}
const p = new Person("Jack");
p.sayName();
```

控制台输出结果如下所示。

```
Jack
```

分析

ES6 的 constructor() 相当于 ES5 的构造函数。在 ES5 中，所有类的属性都是在构造函数内部定义的。而在 ES6 中，所有类的属性都是在 constructor() 内部定义的。

所有类的方法都与 constructor() 同级，但是它们之间是不需要使用逗号来隔开的（这一点需要特别注意）。实例化对象时，我们也是使用 new 关键字。

有的小伙伴可能会认为，ES6 的 class 语法是向 JavaScript 中引入了一种新的"类"机制。其实并不是这样的，class 可以说只是 ES5 的 prototype 机制的一种"语法糖"而已。当我们对这个例子的代码进行 Babel 编译后，会发现其本质上还是 ES5 的语法。

编译后的代码如下所示。

```
var Person =
    /*#__PURE__*/
    function () {
        function Person(name) {
            _classCallCheck(this, Person);

            //类的属性
            this.name = name;
        }

        //类的方法
        _createClass(Person, [{
            key: "sayName",
            value: function sayName() {
                console.log(this.name);
            }
        }]);

        return Person;
    }();

var p = new Person("Jack");
p.sayName();
```

11.1.2 静态方法

静态方法是面向对象最常用的功能之一。所谓的静态方法，指的是直接使用类名来调用的方法。比如我们之前学过的 Object.assign()、Object.is()，其中 assign() 和 is() 就是 Object 对象的静态方法；而对于 Array.of()、Array.from() 来说，of() 和 from() 就是 Array 的静态方法。

静态方法有一个非常重要的特点，那就是不能被**子类**或**实例对象**继承。接下来，我们可以先看一下 ES5 中是怎么实现静态方法的。

▼ **举例：ES5 实现静态方法**

```
function Person(name){
    this.name = name;
}
Person.prototype.sayName = function(){
    console.log(this.name);
};
Person.sayHi = function () {
    console.log("Hello");
}
const p = new Person("Jack");
p.sayName();
Person.sayHi();
```

控制台输出结果如下所示。

```
Jack
Hello
```

▼ **分析**

在这个例子中，sayName 是**实例方法**，只能通过"实例名 . 方法名 ()"的方式调用。sayHi() 是**静态方法**，只能通过"类名 . 方法名 ()"的方式调用。

上面采用的是 ES5 的语法，如果使用 ES6 的语法，又该怎样实现呢？在 ES6 中，我们可以使用 static 这个关键字来实现类的静态方法。

▼ **举例：ES6 实现静态方法**

```
class Person {
    constructor(name){
        //类的属性
        this.name = name;
    }
    // 静态方法
    static sayHi() {
        console.log("Hello");
    }
    //类的方法
    sayName () {
```

```
        console.log(this.name);
    }
}
const p = new Person("Jack");
p.sayName();
Person.sayHi();
```

控制台输出结果如下所示。

```
Jack
Hello
```

11.1.3　ES7写法

在 ES7 中，类的实例属性和实例方法可以用等式（=）直接写入类的定义。

▌ 举例

```
class Person {
    // 类的属性
    name = "Jack";
    // 类的方法
    sayHi = () => {
        console.log("Hello");
    }
}
const p = new Person();
console.log(p.name);
p.sayHi();
```

控制台输出结果如下所示。

```
Jack
Hello
```

▌ 分析

类的静态方法同样可以用等式（=）写入类的定义。比如，若我们想将 sayHi() 定义成静态方法，直接在前面加上 static 关键字即可。

```
static sayHi = () => {
    console.log("Hello");
}
```

最后需要注意一点，虽然 ES7 有了新的写法，但这并不代表 ES6 的写法就被抛弃了。实际上，这两种写法在实际开发中都很常见，小伙伴们要掌握。

11.2　类的继承

在 ES6 中，我们可以使用 extends 这个关键字来实现类的继承。子类继承父类，就会继承父类的所有属性和方法，包括静态属性和静态方法。

需要注意的是，extends 后面只能跟一个父类，不能跟多个父类。

▌ 举例：没有带参数

```
class People {
    constructor() {
        this.type = "Human";
    }
    getType() {
        console.log(this.type);
    }
}
class Person extends People {
    constructor() {
        super();
        this.name = "Jack";
    }
    getName() {
        console.log(this.name);
    }
}

const p = new Person();
p.getType();
p.getName();
```

控制台输出结果如下所示。

```
Human
Jack
```

▌ 分析

在这个例子中，父类是 People，子类是 Person。如果要使子类继承父类，我们需要满足以下 3 个条件。

- 子类的 constructor() 必须包含父类 constructor() 的参数，如果父类的 constructor() 没有参数，那么子类的 constructor() 也不需要传入参数。
- 子类 constructor() 的内部必须执行一次 super() 方法，否则新建实例的时候就会报错。
- super() 方法必须在 constructor() 内部的"顶部"执行。

对于第 2 点，这是因为子类没有自己的 this 对象，需要继承父类的 this 对象，如果没有调用 super() 方法，子类就得不到 this 对象。

对于第 3 点，super() 方法一定要放在 constructor() 内部的顶部执行，不然就会报错，下面这种写法就是错误的。

```
class Person extends People {
    constructor() {
        this.name = "Jack";
        super();
    }
```

```
        getName() {
            console.log(this.name);
        }
    }
```

为什么这样就会报错呢？这是因为 super() 本质上就是把父类的 constructor() 执行一遍，这样才能获取 this 对象。如果 super() 放在 this.name="Jack"; 的下面执行，那么执行 this.name="Jack"; 的时候，this 对象还没有被获取，程序肯定会报错。对于这一点，小伙伴们可以自己测试一下。

▌ 举例：带参数

```
class People {
    constructor(type) {
        this.type = type;
    }
    getType() {
        console.log(this.type);
    }
}
class Person extends People {
    constructor(type, name) {
        super(type);
        this.name = name;
    }
    getName() {
        console.log(this.name);
    }
}

const p = new Person("Human", "Jack");
p.getType();
p.getName();
```

控制台输出结果如下所示。

```
Human
Jack
```

▌ 分析

在这个例子中，父类传入了一个参数 type，子类本身也传入了一个参数 name。因此子类的 constructor() 需要传入 type 和 name 这两个参数。

此外，由于 super() 执行的是父类的 constructor()，父类需要传入 type 参数，因此我们也需要在 super() 中传入 type，也就是 super(type)。

▌ 举例：实际案例

```
class ParentBall {
    constructor(radius) {
        this.radius = radius;
```

```
        }
        getGirth() {
            console.log(2 * Math.PI * this.radius);
        }
}

class ChildBall extends ParentBall {
    constructor(radius, color) {
        super(radius);
        this.color = color;
    }
}
const ball = new ChildBall(10, "red");
console.log(ball.color);
ball.getGirth();
```

控制台输出结果如下所示。

```
red
62.83185307179586
```

▶ 举例：继承静态方法

```
class People {
    static sayHi() {
        console.log("Hello");
    }
}
class Person extends People {}

Person.sayHi();
```

控制台输出结果如下所示。

```
Hello
```

▶ 分析

从输出结果中可以看出，子类是可以继承父类的静态方法的。但我们始终要记住一点，静态方法是通过"类名.方法名()"的方式来调用的，也就是说：**子类本身**可以继承父类的静态方法，但**子类的实例**是不能继承父类的静态方法的。

11.3 本章练习

一、单选题

下面有关 ES6 中类的说法，正确的是（　　）。

　　A. 在子类的构造函数内部，可以在执行 super() 之前使用 this

　　B. 类的属性一般在 constructor() 内部定义

　　C. 实例对象也能使用类的静态方法

D. extends 后面可以跟多个父类

二、编程题

定义一个矩形类 Rectangle，它是由宽（width）和长（height）两个参数构造的，然后在类中定义一个 getArea() 方法，用来计算矩形的面积。

第 12 章 Proxy 和 Reflect

12.1 Proxy 对象

12.1.1 Proxy 简介

在 ES6 中，我们可以使用 Proxy 来代理某一个对象。所谓代理一个对象，指的是当我们想要访问一个对象时，并不直接访问这个对象，而是先访问它的 Proxy，其访问机制如图 12-1 所示。

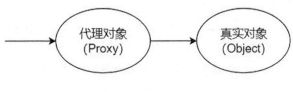

图 12-1

换句话来说，就是 Proxy 可以给对象增加一层拦截。任何对这个对象的访问行为，都会经过这一层拦截。拦截的过程可以包含一些自定义的行为。

▌ 语法

```
const 变量名 = new Proxy(target, handler);
```

▌ 说明

Proxy() 是一个构造函数，它可以接收两个参数，其中 target 表示原对象，handler 表示配置对象。

▌ 举例

```
// 原对象
```

```
const person = {
    name: "Jack",
    age: 24
};
// 配置对象
const handler = {
    get(obj, key, proxy) {
        console.log(`你访问了${key}属性`);
        return obj[key];
    }
};

// Proxy对象
const p = new Proxy(person, handler);
console.log(p.name);
```

控制台输出结果如下所示。

```
你访问了name 属性
Jack
```

▌ 分析

在这个例子中，我们在配置对象 handler 中定义了一个 get() 方法。每当我们读取对象的属性时，就会自动触发这个 get() 方法。get() 方法是一个固定方法，后面会介绍到。

const p=new Proxy(person, handler); 表示定义了一个代理对象 p，p 就是一个 Proxy 对象。如果我们想要访问 person 对象，可以不直接访问，而是通过 p 来访问。也就是说，此时访问 person 对象有以下两种方式。

- 直接访问：通过 person 来访问，比如 person.name。
- 间接访问：通过 p 来访问，比如 p.name。

如果是直接访问，那么 person 可能会被修改。比如，如果后面执行 person.name="Lucy";，就会将原来的 name 值覆盖。但是如果是间接访问，一旦修改，修改的是 p 的值，并不会影响 person 的值。从这里也可以看出：所谓的代理对象，其实是对原对象的一种保护。

Proxy 的本质就是复制原对象，形成一个副本，随后访问的人都只能对这个副本进行操作，而不是对原对象进行操作。Proxy 在复制副本的同时，还可以进一步对一些访问行为进行定义。

在这个例子中，console.log(p.name); 这句代码访问了属性，此时会触发 get() 方法。从输出结果中可以看出，代理对象的 get() 方法先执行，属性访问后执行。

12.1.2 Proxy 方法

我们可以在 handler 中使用各种方法来对针对原对象的各种操作进行拦截。其中，handler 支持的方法（即常用的拦截方法）如表 12-1 所示。

表 12-1 常用的拦截方法

方法	说明
get()	拦截"读"操作
set()	拦截"写"操作
has()	拦截 in 操作
deleteProperty()	拦截 delete 操作
ownKeys()	拦截遍历操作

上表中这些方法的名字是固定的，之前例子中使用的 get() 方法就是众多拦截方法之一。

1. get()

在 Proxy 中，我们可以使用 get() 方法来拦截对象的"读"操作。

▌ **语法**

```
get(obj, key, proxy) {
    ……
    return obj[key];
}
```

▌ **说明**

get() 方法有 3 个参数，obj 是原对象，key 是属性名，proxy 是代理对象。需要注意的是，get() 方法要返回 obj[key]，不然就无法访问原对象的属性值。

▌ **举例: get()**

```
// 原对象
const person = {
    name: "Jack",
    age: 24
};
// 配置对象
const handler = {
    get(obj, key, proxy) {
        console.log(obj);
        console.log(key);
        console.log(proxy);
        return obj[key];
    }
};

// Proxy对象
const p = new Proxy(person, handler);
const name = p.name;
```

控制台输出结果如下所示。

```
{name: "Jack", age: 24}
name
Proxy {name: "Jack", age: 24}
```

▼ 分析

const name=p.name; 这句代码就表示访问了 name 属性，所以自动触发了 get() 方法。我们应该知道，如果修改了 p.name 的值，我们修改的是 p 这个代理对象的属性值，而不会影响原对象 person。

▼ 举例：读取不存在的属性

```
// 原对象
const person = {
    name: "Jack",
    age: 24
};
// 配置对象
const handler = {
    get(obj, key, proxy) {
        if (obj.hasOwnProperty(key)) {
            return obj[key];
        } else {
            throw new Error("属性不存在");
        }
    }
};

// Proxy对象
const p = new Proxy(person, handler);
const gender = p.gender;
```

控制台输出结果如下所示。

（报错）`Uncaught Error: 属性不存在`

▼ 分析

一般情况下，读取对象一个不存在的属性，会返回 undefined，但是这个 undefined 之后和其他值进行计算时可能会导致一些 bug。我们可以在 get() 方法中进行一些设置，使程序在读取不存在的属性时抛出一个异常，而不是返回 undefined。

▼ 举例：禁止访问私有属性

```
// 原对象
const person = {
    name: "Jack",
    _age: 24
};
// 配置对象
const handler = {
    get(obj, key, proxy) {
        if(key.startsWith("_")) {
            throw new Error("私有属性不允许被访问");
        }else {
            return obj[key];
```

```
            }
        }
};

// Proxy对象
const p = new Proxy(person, handler);
const age = p._age;
```

控制台输出结果如下所示。

(报错) Uncaught Error: 私有属性不允许被访问

▶ **分析**

给对象的私有属性命名时，我们一般约定俗成地使用"_"开头。不过，这仅仅是在命名上对私有属性进行区分，并不能真正地使某属性变为私有。比如，我们依然可以通过 person._age 来获取 _age 的值。

要禁止访问私有属性，我们可以在 get() 方法中进行设置，也就是当访问的属性以"_"开头时，就抛出异常，其他属性则可以正常访问。

2. set()

在 Proxy 中，我们可以使用 set() 方法来拦截对象的"写"操作。

▶ **语法**

```
set(obj, key, value) {
    ……
    obj[key] = value;
}
```

▶ **说明**

set() 方法有 3 个参数，其中 obj 是原对象，key 是属性名，value 是属性值。需要注意的是，set() 方法的第 3 个参数不是 proxy，而是 value，这与 get() 方法不一样。

此外，当"写"操作执行成功时，set() 方法内必须执行 obj[key]=value;，不然就无法赋值成功。

▶ **举例: set()**

```
// 原对象
const person = {
    name: "Jack",
    age: 24
};
// 配置对象
const handler = {
    set(obj, key, value) {
        console.log(`${key}属性被重新赋值`);
        obj[key] = value;
    }
};
```

```
// Proxy对象
const p = new Proxy(person, handler);
p.name = "Lucy";
console.log(p.name);
```

控制台输出结果如下所示。

```
name属性被重新赋值
Lucy
```

▌ 分析

p.name="Lucy"; 表示对 name 属性值进行修改,此时会自动触发 set() 方法。在 set() 方法内部,一定要执行 obj[key]=value;。如果我们把这一句代码删除,console.log(p.name); 输出的就不是 "Lucy",而是 "Jack"。小伙伴们可以自行试一下。

▌ 举例:禁止修改私有属性的值

```
// 原对象
const person = {
    name: "Jack",
    _age: 24
};
// 配置对象
const handler = {
    set(obj, key, value) {
        if (key.startsWith("_")) {
            throw new Error("禁止修改私有属性");
        } else {
            obj[key] = value;
        }
    }
};

// Proxy对象
const p = new Proxy(person, handler);
p._age = 18;
```

控制台输出结果如下所示。

(报错) Uncaught Error: 禁止修改私有属性

▌ 分析

如果想要禁止修改私有属性,我们可以在 set() 方法中进行设置,也就是当修改的属性是以 "_" 开头的时,就抛出异常;当修改的属性是其他属性时,就可以正常修改。

3. has()

在 Proxy 中,我们可以使用 has() 方法来拦截对象的 in 操作。

▌ 语法

```
has(obj, key) {
```

```
    ......
    return key in obj;
}
```

▌ 说明

has() 方法有两个参数,其中 obj 是原对象,key 是属性名。需要注意的是,has() 要求返回一个布尔值,一般是 return key in obj。

▌ 举例:has()

```
// 原对象
const person = {
    name: "Jack",
    age: 24
};
// 配置对象
const handler = {
    has(obj, key) {
        console.log(`${key}属性被执行in操作`);
        return key in obj;
    }
};

// Proxy对象
const p = new Proxy(person, handler);
console.log("name" in p);
console.log("gender" in p);
```

控制台输出结果如下所示。

```
name属性被执行in操作
true
gender属性被执行in操作
false
```

▌ 分析

当我们使用 in 操作符来判断对象是否包含某个属性时,就会自动触发 has() 方法。

▌ 举例:禁止对私有属性执行 in 操作

```
// 原对象
const person = {
    name: "Jack",
    _age: 24
};
// 配置对象
const handler = {
    has(obj, key) {
        if(key.startsWith("_")) {
            throw new Error("禁止访问私有属性");
        }else {
            return key in obj;
```

```
            }
        }
};

// Proxy对象
const p = new Proxy(person, handler);
console.log("_age" in p);
```

控制台输出结果如下所示。

（报错）Uncaught Error：禁止访问私有属性

▌分析

如果我们不希望私有属性暴露，也不允许使用 in 操作符来判断它，我们可以使用 has() 方法来实现。

4. deleteProperty()

在 Proxy 中，我们可以使用 deleteProperty() 方法来拦截 delete 操作。

▌语法

```
deleteProperty(obj, key) {
    ……
    delete obj[key];
    return true;
}
```

▌说明

deleteProperty() 方法有两个参数，其中 obj 是原对象，key 是属性名。需要注意的是，deleteProperty() 内部必须执行 delete obj[key] 才能成功删除属性，并且最后还要返回一个布尔值。

▌举例：deleteProperty()

```
// 原对象
const person = {
    name: "Jack",
    age: 24
};
// 配置对象
const handler = {
    deleteProperty(obj, key) {
        console.log(`${key}属性已被删除`);
        delete obj[key];
        return true;
    }
};

// Proxy对象
const p = new Proxy(person, handler);
delete p.name;
console.log(p);
```

控制台输出结果如下所示。

```
name属性已被删除
Proxy {age: 24}
```

▌ 分析

当我们使用 delete 来删除对象的属性时，就会自动触发 deleteProperty() 方法。需要注意的是，deleteProperty() 内部还需要执行 delete obj[key];，这样才能把属性删除。

小伙伴们可以尝试把 delete obj[key]; 删除，此时 console.log(p); 输出的是 {name: "Jack", _age: 24}，而不是 {age:24}。

▌ 举例：禁止对私有属性执行 delete 操作

```
// 原对象
const person = {
    name: "Jack",
    _age: 24
};
// 配置对象
const handler = {
    deleteProperty(obj, key) {
        if (key.startsWith("_")) {
            throw new Error("禁止删除私有属性");
        }else {
            delete obj[key];
            return true;
        }
    }
};

// Proxy对象
const p = new Proxy(person, handler);
delete p.name;
console.log(p);
```

控制台输出结果如下所示。

```
Proxy {_age: 24}
```

▌ 分析

如果不允许私有属性被 delete 删除，可以使用 deleteProperty() 方法来实现。对于这个例子，如果我们尝试执行 delete p._age，控制台会报错。

5. ownKeys()

在 Proxy 中，我们可以使用 ownKeys() 方法来拦截针对对象属性的遍历操作。ownKeys() 方法主要拦截以下操作。

- Object.keys()。
- Object.getOwnPropertyNames()。

- Object.getOwnPropertySymbols()。
- Reflect.ownKeys()。

▌ 语法

```
ownKeys(obj) {
    ......
    return 可枚举对象;
}
```

▌ 说明

ownKeys() 方法只有一个参数,即 obj,表示原对象。此外,ownKeys() 方法必须返回一个可枚举对象。

▌ 举例

```
// 原对象
const person = {
    name: "Jack",
    age: 24
};
// 配置对象
const handler = {
    ownKeys(obj) {
        console.log("触发遍历操作");
        return Object.keys(obj);
    }
};

// Proxy对象
const p = new Proxy(person, handler);
const keyArr = Object.getOwnPropertyNames(p);
console.log(keyArr);
```

控制台输出结果如下所示。

```
触发遍历操作
["name", "age"]
```

▌ 分析

ownKeys() 这个方法常用来禁止针对私有属性的遍历操作,请看下面的例子。

▌ 举例:禁止私有属性被遍历

```
// 原对象
const person = {
    name: "Jack",
    _age: 24
};
// 配置对象
const handler = {
    ownKeys(obj) {
```

```
        const result = Object.keys(obj).filter((item) => {
            return !item.startsWith("_");
        });
        return result;
    }
};

// Proxy对象
const p = new Proxy(person, handler);
const keyArr = Object.getOwnPropertyNames(p);
console.log(keyArr);
```

控制台输出结果如下所示。

```
["name"]
```

▌ 分析

在使用 Object.keys()、Obejct.getOwnPropertyNames() 等方法对对象的属性进行遍历时，程序会判断属性是否私有，如果是私有属性，就直接把这个私有属性过滤掉。

12.1.3 应用场景

Proxy 主要可以应用于以下 3 个方面（当然，Proxy 的应用场景不仅限于此，小伙伴们可以自行搜索了解一下）。

- 实现真正的私有属性。
- 保证数据的准确性。
- 实现双向数据绑定。

1. 实现真正的私有属性

使用下划线（_）来表示私有属性，仅仅是在命名上对属性做出了区分而已，并不能实现真正的私有。想要实现真正的私有属性，我们需要考虑以下 4 点。

- 不能访问私有属性的值，如果访问则返回 undefined。
- 不能修改私有属性的值，即使修改了也无效。
- 不能删除私有属性，也就是执行 delete 操作无效。
- 不能遍历私有属性，包括执行 in、Object.keys()、Object.getOwnProperty() 等。

▌ 举例

```
// 原对象
const person = {
    name: "Jack",
    _age: 24
};
// 配置对象
const handler = {
    get(obj, key, proxy) {
```

```js
            if(!key.startsWith("_")) {
                return obj[key];
            }else {
                return undefined;
            }
        },
        set(obj, key, value) {
            if(!key.startsWith("_")) {
                obj[key] = value;
            }
        },
        has(obj, key) {
            if (!key.startsWith("_")) {
                return key in obj;
            }
        },
        deleteProperty(obj, key) {
            if (!key.startsWith("_")) {
                delete obj[key];
                return true;
            }
        },
        ownKeys(obj) {
            const result = Object.keys(obj).filter((item) => {
                return !item.startsWith("_");
            });
            return result;
        }
};

// Proxy对象
const p = new Proxy(person, handler);
// 访问
console.log(p._age);
// 修改
p._age = 20;
console.log(p);
// 删除
delete p._age;
console.log(p);
// 遍历
console.log(Object.keys(p));
```

控制台输出结果如下所示。

```
undefined
{name: "Jack", _age: 24}
{name: "Jack", _age: 24}
["name"]
```

2. 保证数据的准确性

在实际开发中,有时我们需要对对象的某些属性值进行限定,比如要求值是一个字符串,或者值只能在某个范围内。这个时候就可以使用 Proxy 来实现。

▌ 举例：限定值的类型

```
// 原对象
const person = {
    name: "Jack",
    age: 24
};
// 配置对象
const handler = {
    set(obj, key, value) {
        if (key === "age") {
            if (typeof (value) !== "number") {
                throw new Error("age属性值必须是一个数字");
            }else {
                obj[key] = value;
            }
        }
    }
};

// Proxy对象
const p = new Proxy(person, handler);
p.age = "18";
```

控制台输出结果如下所示。

(报错)Uncaught Error: age属性值必须是一个数字

▌ 分析

在这个例子中，我们要求 age 属性的值必须是一个数字。因此，在 set() 方法中，如果当前操作的是 age 属性，就要对它的值进行判断：如果值不是 number 类型，就抛出异常；如果是 number 类型，就进行赋值。

当然，除了限定值的类型，我们还可以限定值的范围，请看下面的例子。

▌ 举例：限定值的范围

```
// 原对象
const person = {
    name: "Jack",
    age: 24
};
// 配置对象
const handler = {
    set(obj, key, value) {
        if (key === "age") {
            if (value < 0 || value > 150) {
                throw new Error("age的值必须在0~150的范围内");
            }else {
                obj[key] = value;
```

```
            }
        }
    }
};

// Proxy对象
const p = new Proxy(person, handler);
p.age = 200;
```

控制台输出结果如下所示。

(报错)Uncaught Error: age的值必须在0~150范围内

3. 实现双向数据绑定

之前我们学习过用 Object.defineProperty() 来实现双向数据绑定，但是 Object.defineProperty() 存在两个非常明显的缺点。

- ▶ 无法监听数组的变化。
- ▶ 只能劫持对象的属性，无法劫持一个完整的对象。

其实，我们可以使用功能更加强大的 Proxy 来实现双向数据绑定。Proxy 不存在 Object.defineProperty() 的那些问题。

▌举例：Object.defineProperty()

```
<!DOCTYPE html>
<html>
<head>
    <meta charset="utf-8" />
    <title></title>
    <script>
        window.onload = function() {
            const oTxt = document.getElementById("txt");
            const oContent = document.getElementById("content");

            // 定义一个对象
            const obj = {};
            Object.defineProperty(obj, "text", {
                get() { },
                set(value) {
                    oTxt.value = value;
                    oContent.innerText = value;
                }
            });

            // 文本框的keyup事件
            oTxt.addEventListener("keyup", function(e) {
                obj.text = e.target.value;
            }, false);
        }
    </script>
</head>
<body>
```

```
        <input id="txt" type="text" />
        <p id="content"></p>
    </body>
</html>
```

默认情况下，浏览器的效果如图 12-2 所示。当我们在文本框输入内容后，浏览器的效果如图 12-3 所示。

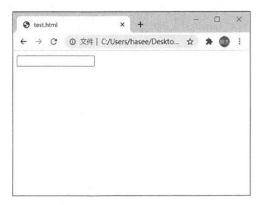

图 12-2

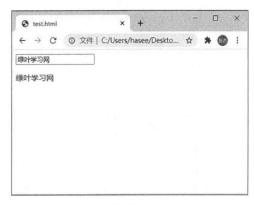

图 12-3

▌分析

上面实现了一个极简版的双向数据绑定。首先我们定义了一个对象 obj，然后使用 Object.defineProperty() 方法为这个对象定义了一个 text 属性。从 set() 中可以看到，当我们给 obj.text 属性设置一个新值时，就会触发 set() 方法，继而同时改变 input 元素及 p 元素的值。

▌举例：Proxy

```
<!DOCTYPE html>
<html>
<head>
    <meta charset="utf-8" />
    <title></title>
    <script>
        window.onload = function() {
            const oTxt = document.getElementById("txt");
            const oContent = document.getElementById("content");

            // 原对象
            const obj = {};
            // 配置对象
            const handler = {
                get(obj, key, proxy) {
                    return obj[key];
                },
                set(obj, key, value) {
                    if(key === "text") {
                        oTxt.value = value;
                        oContent.innerText = value;
                        obj[key] = value;
```

```
                    }
                }
            };
            //Proxy对象
            const p = new Proxy(obj, handler);

            // 文本框的keyup事件
            oTxt.addEventListener("keyup", function(e) {
                p.text = e.target.value;
            }, false);
        }
    </script>
</head>
<body>
    <input id="txt" type="text" />
    <p id="content"></p>
</body>
</html>
```

默认情况下，浏览器的效果如图 12-4 所示。当我们在文本框输入内容后，浏览器的效果如图 12-5 所示。

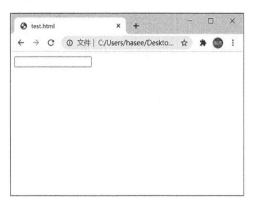
图 12-4

图 12-5

▌ 分析

Proxy 和 Object.defineProperty() 实现双向数据绑定的原理是类似的，只不过 Proxy 没有 Object.defineProperty() 的弊端。

对于双向数据绑定，Vue2.x 是使用 Object.defineProperty() 来实现，而 Vue3.x 是使用 Proxy 来实现。把这两种方式了解清楚，再学习 Vue 源码就轻松多了。

12.2　Reflect 对象

ES6 中新增了一个 Reflect 对象。Reflect 对象主要有以下两个作用。

- 规范 Object 的部分操作。
- 配合 Proxy 一起使用。

12.2.1 规范 Object 的部分操作

我们都知道，Object 的一些操作比较奇怪，比如判断对象是否有某个属性，我们使用的是 in 操作符，而不是类似于 Object.has() 的方法。为了规范这些奇怪的操作，形成统一的规范，我们可以使用 Reflect 对象。

Reflect 对象的部分方法是用于规范 Object 对象的相关操作的，规范 Object 操作的常用方法如表 12-2 所示。

表 12-2 规范 Object 操作的常用方法

方法	说明
Reflect.has()	规范 in 操作
Reflect.deleteProperty()	规范 delete 操作
Reflect.defineProperty()	定义一个属性
Reflect.ownKeys()	获取所有属性

1. 规范 in 操作

判断对象中是否存在某一个属性的传统方式是使用 in 操作符。在 ES6 中，我们可以使用更为规范的 Reflect.has() 方法来实现。

▼ 语法

```
Reflect.has(obj, key)
```

▼ 说明

obj 表示对象名，key 表示属性名。

▼ 举例

```
const person = {
    name: "Jack",
    age: 24
};

// 传统方式
console.log("name" in person)
// Reflect
console.log(Reflect.has(person, "name"));
```

控制台输出结果如下所示。

```
true
true
```

2. 规范 delete 操作

删除对象某一属性的传统方式是使用 delete 操作符。在 ES6 中，我们可以使用更为规范的

Reflect.deleteProperty() 方法来实现。

▼ 语法

```
Reflect.deleteProperty(obj, key)
```

▼ 说明

obj 表示对象名，key 表示属性名。

▼ 举例

```
// 传统方式
const person1 = {
    name: "Jack",
    age: 24
};
delete person1.name;
console.log(person1);

// Reflect
const person2 = {
    name: "Jack",
    age: 24
};
Reflect.deleteProperty(person2, "name");
console.log(person2);
```

控制台输出结果如下所示。

```
{ age: 24 }
{ age: 24 }
```

3. 定义一个属性

以往，我们会使用 Object.defineProperty() 方法来为对象定义一个属性。现在我们还可以使用 Reflect.defineProperty() 方法来实现。

Object.defineProperty() 和 Reflect.defineProperty() 方法几乎一样，唯一区别在于返回值：前者返回的是一个对象，后者返回的是一个布尔值。

▼ 举例：Object.defineProperty()

```
const person = {};
const result = Object.defineProperty(person, "name", {
    configurable: true,
    enumerable: true,
    value: "Jack",
    writable: true
});
console.log(result);
```

控制台输出结果如下所示。

```
{ name: "Jack" }
```

▌ 举例：Reflect.defineProperty()

```
const person = {};
const result = Reflect.defineProperty(person, "name", {
    configurable: true,
    enumerable: true,
    value: "Jack",
    writable: true
});
console.log(result);
```

控制台输出结果如下所示。

```
true
```

4. 获取所有属性

从之前的学习中可以知道，对象的属性名有两种类型，一种是字符串类型，另一种是 Symbol 类型。Object.getOwnPropertyNames() 只能获取对象中非 Symbol 类型的属性，而 Object.getOwnPropertySymbols() 只能获取对象中 Symbol 类型的属性。这种分开获取的方式，在实际开发中是非常不方便的。

在 ES6 中，我们可以使用 Reflect.ownKeys() 来获取对象所有类型的属性。使用这个方法得到的结果等同于 Object.getOwnPropertyNames() 和 Object.getOwnPropertySymbols() 的结果之和。

▌ 语法

```
Reflect.ownKeys(obj)
```

▌ 说明

obj 表示对象名。

▌ 举例

```
const name = Symbol();
const person = {
    [name]: "Jack",
    age: 24
};
const result = Reflect.ownKeys(person);
console.log(result);
```

控制台输出结果如下所示。

```
["age", Symbol()]
```

12.2.2 配合 Proxy 一起使用

Reflect 对象的一部分方法用于规范 Object 的奇怪操作，还有一部分方法则需要配合 Proxy 对象一起使用。需要配合 Proxy 对象一起使用的常用的 Reflect 方法如表 12-3 所示。

表 12-3　Reflect 的方法

方法	说明
get()	获取属性值
set()	设置属性值
has()	in 操作
deleteProperty()	delete 操作
ownKeys()	遍历操作

表中这些方法和 Proxy 对象中的拦截方法一一对应，那么它们是怎么配合起来，一起发挥作用的呢？接下来我们会详细介绍。

1. get()

在 Proxy 中，get() 方法用于拦截对象的"读"操作。get() 方法要求在"读"操作执行成功时，返回当前属性的值。

▼ **举例：传统方式**

```
const person = {
    name: "Jack",
    _age: 24
};
const handler = {
    get(obj, key, proxy) {
        if(key.startsWith("_")) {
            return undefined;
        } else {
            return obj[key];
        }
    }
};

const p = new Proxy(person, handler);
console.log(p.name);
console.log(p._age);
```

控制台输出结果如下所示。

```
Jack
undefined
```

▼ **分析**

在使用 Proxy 的 get() 方法时，成功执行"读"操作之后必须返回当前属性的值。对于这个当前属性的值，这里我们使用 obj[key] 来获取。但是现在有了一种更"优雅"的获取方式，那就是使用与 get() 对应的 Reflect.get() 方法。

▼ **举例: Reflect.get()**

```
const person = {
    name: "Jack",
```

```
        _age: 24
    };
    const handler = {
        get(obj, key, proxy) {
            if(key.startsWith("_")) {
                return undefined;
            } else {
                return Reflect.get(obj, key, proxy);
            }
        }
    };

    const p = new Proxy(person, handler);
    console.log(p.name);
    console.log(p._age);
```

控制台输出结果如下所示。

```
Jack
undefined
```

▍分析

Reflect.get() 和 Proxy 中的 get() 方法是对应的，连参数都是一样的。这里只需要使用 Reflect.get(obj, key, proxy) 就可以获取当前属性的值了。

2. set()

在 Proxy 中，set() 方法用于拦截对象的"写"操作。set() 方法要求在"写"操作执行成功时，为当前属性设置一个值。

▍举例：传统方式

```
    const person = {
        name: "Jack",
        _age: 24
    };
    const handler = {
        set(obj, key, value) {
            if(!key.startsWith("_")) {
                obj[key] = value;
            }
        }
    };

    const p = new Proxy(person, handler);
    p.name = "Lucy";
    p._age = 18;
    console.log(p);
```

控制台输出结果如下所示。

```
Proxy {name: "Lucy", _age: 24}
```

▌ 分析

在使用 Proxy 的 set() 方法时，成功执行"写"操作之后必须设置当前属性的值。这里我们使用 obj[key]=value; 来设置当前属性的值。实际上，我们还可以使用更加"优雅"、简单的 Reflect.set() 来实现。

▌ 举例：Reflect.set()

```
const person = {
    name: "Jack",
    _age: 24
};
const handler = {
    set(obj, key, value) {
        if(!key.startsWith("_")) {
            Reflect.set(obj, key, value);
        }
    }
};

const p = new Proxy(person, handler);
p.name = "Lucy";
p._age = 18;
console.log(p);
```

控制台输出结果如下所示。

```
Proxy {name: "Lucy", _age: 24}
```

▌ 分析

Reflect.set() 和 Proxy 中的 set() 方法是对应的，参数也是一样的。这里我们使用 Reflect.set()，其参数"照抄"Proxy 中 set() 的参数即可。

3. 其他方法

从上面的几个例子中可以很直观地看出，在用 Proxy 进行拦截时，使用 Reflect 对应的方法处理返回值，操作起来非常简单，基本只需要"照抄"拦截方法中的参数。那么对于 Proxy 的其他拦截方法，是不是也这样呢？我们来看一个综合性的例子。

▌ 举例：实现真正的私有（传统方式）

```
// 原对象
const person = {
    name: "Jack",
    _age: 24
};
// 配置对象
const handler = {
    get(obj, key, proxy) {
        if(!key.startsWith("_")) {
            return obj[key];
```

```
        }else {
            return undefined;
        }
    },
    set(obj, key, value) {
        if(!key.startsWith("_")) {
            obj[key] = value;
        }
    },
    has(obj, key) {
        if (!key.startsWith("_")) {
            return key in obj;
        }
    },
    deleteProperty(obj, key) {
        delete obj[key];
        return true;
    },
    ownKeys(obj) {
       const result = Object.keys(obj).filter((item) => {
           return !item.startsWith("_");
       });
       return result;
    }
};

// Proxy对象
const p = new Proxy(person, handler);
console.log(p._age);
```

控制台输出结果如下所示。

```
undefined
```

▌ 分析

上面这个例子用于实现真正的私有属性。在这些拦截方法中，我们都是使用传统方式进行操作的。接下来，我们看一下如何使用 Reflect 实现同样的效果。此外，小伙伴们可以自行尝试一下 in、delete 等操作。

▌ 举例：实现真正的私有（Reflect）

```
// 原对象
const person = {
    name: "Jack",
    _age: 24
};
// 配置对象
const handler = {
    get(obj, key, proxy) {
        if(!key.startsWith("_")) {
            return Reflect.get(obj, key, proxy);
```

```
            }else {
                return undefined;
            }
        },
        set(obj, key, value) {
            if(!key.startsWith("_")) {
                Reflect.set(obj, key, proxy);
            }
        },
        has(obj, key) {
            if (!key.startsWith("_")) {
                return Reflect.has(obj, key);
            }
        },
        deleteProperty(obj, key) {
            Reflect.deleteProperty(obj, key);
            return true;
        },
        ownKeys(obj) {
            const result = Reflect.ownKeys(obj).filter((item) => {
                return !item.startsWith("_");
            });
            return result;
        }
};

// Proxy对象
const p = new Proxy(person, handler);
console.log(p._age);
```

控制台输出结果如下所示。

```
undefined
```

▌ 分析

从上面的例子中可以看到，所有的 Proxy 拦截方法都可以配合对应的 Reflect 方法进行操作。了解了这一点，以后再使用 Proxy 就简单多了。

最后要说一下，这一章我们已经把 Proxy 和 Reflect 最重要的一些方法介绍完了，能把这些方法认真掌握好，我们就可以走得很远。实际上 Proxy 和 Reflect，还有一些其他方法，感兴趣的小伙伴可以在 MDN 上找一些相关文档看一下。

12.3　本章练习

一、单选题

1. 如果想要拦截对象的 in 操作，我们可以使用 Proxy 中的（　　）方法。
   A.get()   B.has()

C.deleteProperty()   D.ownKeys()

2. 下面有关 Proxy 的说法中，不正确的是（   ）。

   A. 可以使用 Proxy 对象来实现真正的私有属性

   B. 使用 Proxy 时，我们操作的一般是 Proxy 对象，而不是原对象

   C. 要实现双向数据绑定，使用 Obejct.defineProperty() 比 Proxy 更好

   D. 可以使用 deleteProperty() 方法来拦截 delete 操作

3. 下面有关 Reflect 的说法中，不正确的是（   ）。

   A. Reflect 对象就是用来替代 Object 对象的

   B. Reflect 和 Proxy 配合使用十分方便

   C. 可以使用 Reflect.has() 来替代 in 操作符

   D. 可以使用 Reflect.defineProperty() 来定义一个属性

4. 下面有一段代码，其运行结果是（   ）。

```
const person = {
    name: "Jack",
    _age: 24
};
const handler = {
    get(obj, key, proxy) {
        if(key.startsWith("_")) {
            throw new Error("私有属性不允许被访问");
        }else {
            return obj[key];
        }
    }
};

const p = new Proxy(person, handler);
console.log(person._age);
```

   A. 24   B. undefined

   C. null   D. 报错

二、问答题

对于实现双向数据绑定，Object.defineProperty() 有什么缺点？有没有更好的实现方法？（前端面试题）

第 13 章 异步编程

13.1 异步编程简介

异步编程是 JavaScript 中极其重要的内容之一。实际上，别说是初学者，甚至一些工作了几年的前端工程师也不一定能把异步编程的相关知识掌握得非常好。这是从大量面试者身上看到的一个现象。

ES6 为我们提供了 Promise、async/await 等全新的异步方案，但是如果一上来就向基础不扎实的小伙伴介绍这些，估计大多数人都会"一脸懵"。因此，为了照顾一些初学者，本书会从底层的知识开始讲起，为大家梳理、呈现一个完整的知识体系。

本章内容是本书的重点，介绍了很多在其他教程中不常见到的 ES6 精华知识。当然，本章内容也会有一定难度，小伙伴们需要多看几次，才能真正地掌握。

13.2 同步和异步

13.2.1 浏览器进程

浏览器是以**多进程**的方式运行的，**渲染进程**是众多进程中的一个。浏览器的各种进程、线程如表 13-1 和图 13-1 所示。

表 13-1　浏览器进程

进程	说明
渲染进程	页面渲染、脚本执行、事件处理等
GPU 进程	用于 3D 绘制
Brower 进程	前进、后退、窗口管理（多页面）、网络资源管理（下载等）
第三方插件进程	每种类型的插件对应一个进程，仅当使用该插件时才创建进程

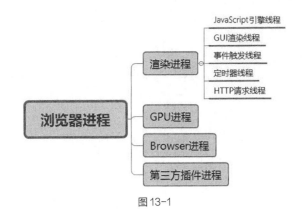

图 13-1

从图 13-1 中可以看出，JavaScript 引擎线程是渲染进程中的一个线程。也就是说，JavaScript 引擎仅仅是一个线程而已，这也是为什么我们经常说 JavaScript 是单线程的。所谓的单线程，就是一次只能执行一个任务。如果有多个任务需要处理的话，这些任务就要排队。换句话说就是，必须要等到上一个任务结束了，下一个任务才能开始执行。

我们平常写的 JavaScript 代码是由 **JavaScript 引擎线程**处理的。由于 JavaScript 引擎是一个单线程，每次只能执行一个任务，因此用户体验是比较差的。为了优化用户体验，就需要用到**异步**这种操作了。

所谓的"异步代码"并不会交给 JavaScript 引擎线程处理，而会交给浏览器其他线程处理（这句话极其重要）。举个简单的例子，我们都知道定时器 setTimeout() 或 setInterval() 属于异步操作，它们并不是由 JavaScript 引擎线程进行处理的，而是交给定时器线程进行处理。再比如，DOM 事件也属于异步操作，它同样不是由 JavaScript 引擎线程进行处理的，而是交给事件触发线程进行处理。

上面所说的才是异步操作的本质，很多书其实并没有讲透这一点，小伙伴们一定要理解清楚。

13.2.2 单线程

从上文中我们可以知道，JavaScript 引擎是单线程的。也就是说，JavaScript 引擎同一时间只能做一件事：两句 JavaScript 代码不能同时执行，只能把上一句代码执行完了，才能执行下一句代码。我们怎样才能更直观地理解单线程这个概念呢？小伙伴们可以先来看几个简单的例子。

▼ 举例

```
console.log(1);
alert("绿叶学习网");
console.log(2);
```

控制台效果如图 13-2 所示，浏览器效果如图 13-3 所示。

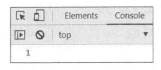

图 13-2

图 13-3

▼ 分析

JavaScript 是从上到下一句一句地执行代码的,当它执行 alert("绿叶学习网");这一句代码时,浏览器会弹出一个对话框。如果我们不处理这个对话框的话,那么 JavaScript 就永远无法执行接下来的 console.log(2);。

▼ 举例

```
let sum = 0;
for (let i = 0; i < 100000000; i++) {
    sum += i;
}
console.log(sum);
```

控制台效果如图 13-4 所示。

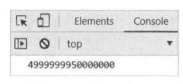

图 13-4

▼ 分析

JavaScript 从上到下执行代码时,由于 for 循环执行的时间比较长,程序在执行 for 循环期间会卡顿一下,过一会儿控制台才会输出一个结果。也就是说,只有把 for 循环执行完,程序才会执行后面的 console.log(sum)。

上面两个例子其实很好地展示了 JavaScript 单线程的特点。可能很多小伙伴会有这样一个疑问:"为什么要把 JavaScript 设计成单线程,而不是设计成多线程呢?多线程的效率似乎更高呢。"其实主要原因就在于: JavaScript 涉及 DOM 操作,假如它是多线程的,如果一个线程往 DOM 中添加内容,另一个线程又在删除这个 DOM,那么此时浏览器就不知道以哪一条线程为准了。

由于 JavaScript DOM 操作的特点,JavaScript 必须使用单线程的方式,以便保证 DOM 操作的正确运行。虽然单线程保证了 DOM 的执行顺序,但是同时也限制了 JavaScript 的运行效率,这也是 JavaScript 引入异步编程的原因。

13.2.3 同步代码和异步代码

在 JavaScript 中,代码可以分为两种:同步代码和异步代码。由于 JavaScript 引擎线程是从上到下执行代码的,因此同步代码只能等上一段代码执行完成之后,才能执行下一段代码。**简单来说,同步就是一直"等"。**

异步代码则不同。JavaScript 引擎线程并不会等异步代码执行完成再执行后面的代码。当 JavaScript 引擎线程遇到异步代码时,它会先直接跳过异步代码,去执行后面的同步代码,然后等到**未来某个时间**,再去执行之前遇到的异步代码。

异步代码,指的是异步操作的代码。在 JavaScript 中,常见的异步操作有以下 5 种。

- 定时器。
- Ajax。
- DOM 事件。
- 读写文件。
- 数据库操作。

13.3 事件循环

13.3.1 事件循环简介

JavaScript 代码可以分为同步代码和异步代码。因此，JavaScript 任务也可以分为同步任务和异步任务。

- 同步任务：if 语句、while 循环、for 循环等。
- 异步任务：定时器、Ajax、DOM 事件等。

对于同步任务来说，JavaScript 是从上到下执行的，执行完了上一个同步任务，才会执行下一个同步任务。但是对于异步任务来说，JavaScript 就不是简单地从上到下处理的了，而是借助一个叫**事件循环**（event loop）的机制来处理，如图 13-5 所示。

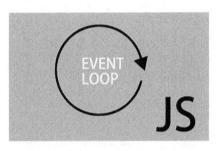

图 13-5

事件循环是 JavaScript 最核心的概念之一。简单来说，它就是用来处理同步任务和异步任务执行顺序的一种机制。在事件循环中，一般按照下面的步骤处理同步任务和异步任务。

（1）JavaScript 引擎本身是一个线程，我们将 JavaScript 引擎线程看作"主线程"，所有同步任务先在这条主线程上执行。

（2）主线程之外还有一个任务队列，所有异步任务放在任务队列里面。这个队列也叫作"异步队列"。

（3）只有把所有同步任务执行完之后，主线程才会读取异步队列，然后依次执行异步队列里面的任务。

（4）事件触发线程会持续监听异步队列，然后重复（3）。

对于事件循环，我们可以这样理解：JavaScript 引擎线程从上到下执行代码时，如果遇到异步任务，并不是立即执行这个异步任务，而是把这个异步任务交给浏览器的其他线程去执行。比如，遇到 setTimeout() 这个异步任务，浏览器的渲染进程就会另外开启一个定时器线程来执行。定时器线程处理完任务，就会通知事件触发线程将定时器的回调函数推送到任务队列的队尾。

JavaScript 只有把**所有同步任务**执行完了之后，才会去执行任务队列里面的函数。并且**事件触发线程**会持续监听是否有异步任务进入队列，然后再轮询执行。我们需要清楚一点，只有异步任务才有加入任务队列这种说法，同步任务是不需要加入任务队列的，因为同步任务从一开始就已经在执行了。

此外，程序并不是直接将整个异步任务放到任务队列中，而是将异步任务的回调函数放到任务队列中，这个地方很多小伙伴都会搞错。不同异步操作的回调函数被放进任务队列的时机是不一样的，回调函数的添加时机如表 13-2 所示。

表 13-2 回调函数的添加时机

异步任务	添加时机
定时器	当时间到达时，回调函数才会被添加到任务队列中
DOM 事件	当事件触发时，回调函数才会被添加到任务队列中
Ajax 请求	当请求完成后，回调函数才会被添加到任务队列中

▌ 举例：同步任务和异步任务

```
console.log(1);
setTimeout(function(){
    console.log(2);
}, 0);
console.log(3);
```

控制台输出结果如下所示。

```
1
3
2
```

▌ 分析

首先我们要知道，setTimeout() 是一个异步任务。JavaScript 引擎从上到下执行，如果遇到 setTimeout()，浏览器的渲染进程就会开启一个定时器线程来执行它。当定时器线程处理完之后，它会通知**事件触发线程**将定时器的回调函数推送到任务队列的队尾。JavaScript 引擎先把所有同步任务执行完，随后就会执行任务队列中的异步任务。

可能小伙伴们会问："setTimeout() 设置的时间间隔是 0 啊，不应该立即执行吗？"实际上，就算它的时间间隔为 0，但异步任务就是异步任务，它不会变成一个同步任务，也必须遵循事件循环的执行机制。

对这个例子同步和异步任务的分析如图 13-6 所示。

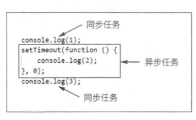

图 13-6

▌ 举例：加入任务队列的时机

```
setTimeout(function(){
    console.log(1);
}, 1000);
setTimeout(function(){
    console.log(2);
}, 2000);
console.log(3);
```

控制台输出结果如下所示。

```
3
1
2
```

▌ 分析

对于这个例子，很多小伙伴会这样理解：两个 setTimeout() 会一起被放到任务队列中，等时间一到，再一同被执行。实际上，这样的理解是错误的。

正确的理解应该是：JavaScript 执行完所有的同步任务，再过 1 秒后，会把第一个 setTimeout() 的**回调函数**放入任务队列；过了 2 秒后，会把第二个 setTimeout() 的**回调函数**放到任务队列中。

小伙伴们一定要记住：程序并不是直接将整个异步任务放到任务队列中，而是将异步任务的回调函数放到任务队列中。

13.3.2 for 循环与 setTimeout()

小伙伴们可能经常在其他书上看到"for 循环和 setTimeout() 结合使用"的例子，但是它们大多数仅仅是浅尝辄止，并没有把本质讲清楚。接下来，我们来带大家深度剖析这一困惑了大多数初学者的问题。

▌ 举例

```
for(var i = 0; i < 4; i++){
    setTimeout(function(){
        console.log(i);
    }, 1000);
}
```

控制台输出结果如下所示。

```
4
4
4
4
```

▌ 分析

上面这段代码的输出效果是，循环结束 1 秒后，一次性输出 4 个 4，而不是每隔 1 秒输出一个

4。小伙伴们一定要自己试一下，看看控制台输出的效果是怎样的，这样才能有直观的感受。

首先，for 循环是一个同步任务，而 setTimeout() 是一个异步任务。因此 JavaScript 引擎从上到下执行时，会先执行 for 循环这个同步任务，等整个 for 循环执行完成了，才会执行 setTimeout()。

这里的 for 循环会循环 4 次。第 1 次循环，碰到 setTimeout()，由于这是一个异步任务，程序会先不执行，而是将其记录下来。第 2 次循环，又碰到 setTimeout()，程序又会先记录下来而不执行……一直到第 4 次循环。

第 4 次循环执行完成之后，再过 1 秒，这 4 个 setTimeout() 的回调函数才会被**依次**放进任务队列，然后按照加入任务队列的先后顺序来执行。由于此时变量 i 的值已经变成 4 了，所以输出的是 4 个 4，并且是一次性输出 4 个 4，而不是每隔 1 秒输出一个 4。

实际上，上面这个例子等价于下面的代码。

```
var i = 0;
setTimeout(function(){console.log(i)}, 1000);
i = i + 1;
setTimeout(function(){console.log(i)}, 1000);
i = i + 1;
setTimeout(function(){console.log(i)}, 1000);
i = i + 1;
setTimeout(function(){console.log(i)}, 1000);
i = i + 1;
```

由于 JavaScript 引擎会先把所有同步任务执行完，才会去执行异步代码，因此我们只需要分析上面哪些是同步代码，哪些是异步代码即可。上面代码正确的执行顺序如下。

```
var i = 0;
i = i + 1;
i = i + 1;
i = i + 1;
i = i + 1;                  // 此时 i 的值为 4
setTimeout(function(){console.log(i)}, 1000);          // 4
setTimeout(function(){console.log(i)}, 1000);          // 4
setTimeout(function(){console.log(i)}, 1000);          // 4
setTimeout(function(){console.log(i)}, 1000);          // 4
```

上面的例子输出的是 4 个 4，假如我们希望输出结果是 0、1、2、3，应该怎么实现呢？有两种实现方式，一种是使用闭包，另一种是使用 let。

▌ **举例：闭包实现**

```
for (var i = 0; i < 4; i++) {
    (function (i) {
        setTimeout(function() {
            console.log(i);
        }, 1000);
    }(i));
}
```